■ 高等职业学校公共课系列教材

职业素质教育

——基础篇

ZHIYE SUZHI JIAOYU—JICHU PIAN

主　编◎冯天江　刘怡然
副主编◎向　浩　谭建蓉　周　政　钱美容

重庆大学出版社

图书在版编目（CIP）数据

职业素质教育. 基础篇 / 冯天江, 刘怡然主编. --
重庆 : 重庆大学出版社, 2024.1
高等职业学校公共课系列教材
ISBN 978-7-5689-4361-1

Ⅰ. ①职… Ⅱ. ①冯… ②刘… Ⅲ. ①职业道德—高等职业教育—教材 Ⅳ. ①B822.9

中国国家版本馆CIP数据核字（2024）第015569号

职业素质教育——基础篇

主　编　冯天江　刘怡然

副主编　向　浩　谭建蓉　周　政　钱美容

策划编辑：顾丽萍

责任编辑：夏　宇　　版式设计：顾丽萍

责任校对：王　倩　　责任印制：张　策

*

重庆大学出版社出版发行

出版人：陈晓阳

社址：重庆市沙坪坝区大学城西路21号

邮编：401331

电话：（023）88617190　88617185（中小学）

传真：（023）88617186　88617166

网址：http：//www. cqup. com. cn

邮箱：fxk@cqup. com. cn（营销中心）

全国新华书店经销

重庆华林天美印务有限公司印刷

*

开本：787mm × 1092mm　1/16　印张：13　字数：311千

2024年1月第1版　2024年1月第1次印刷

印数：1—3 000

ISBN 978-7-5689-4361-1　定价：45. 00元

前　言

职业素质是指职业内在的规范和要求，是在职业过程中表现出来的综合品质，包含职业道德、职业技能、职业行为、职业作风和职业意识等方面，是一个人职业生涯成败的关键因素。

习近平总书记强调，劳动者素质对一个国家、一个民族发展至关重要。本教材响应党的二十大报告“加强教材建设和管理”的重要任务，深刻领悟“两个确立”的决定性意义，紧紧围绕服务“国之大计、党之大计”，服务广大师生，旨在把社会效益放在首位，通过职业素质的培养，引导学生树立正确的人生观、价值观和职业观，全面发展自身的能力和潜力。

本教材按知识点分类组织，每个知识点都配有相应的案例和拓展训练。案例既体现了相关的知识点，又具有很强的操作性。全面融合国家职业教育改革实施方案以及基于工作过程的特色专业课程体系构建思想，打破了以知识传授为主要特征的传统学科课程模式，转变为以项目贯穿为主线的理论课内容组织思路，以工作任务为中心的实践课程内容组织思路，让学生通过边学边用的方式，在完成具体项目的过程中构建相关理论知识，提升实践能力，以全面推动“三全育人”综合改革项目的实施。

1. 以职业能力为导向

企业需要高级应用型、技术型人才，因而职业能力就显得非常重要。以职业能力分析为导向，面向整个工作过程，将职业需要的技能、知识、素质有机地整合起来，直接面向职业开发课程，具有针对性与适应性。职业和课程是两个不同的概念，但在校企合作教育中，两者是紧密相关的。课程必须与职业建立紧密的联系，才能满足企业对人才的要求。校企合作课程必须依据所面向的职业标准和能力要求进行开发和设计，把职业标准和能力要求转化成课程目标，据此开发专业课程。

2. 以工作情境为依据构建教学内容

按照“职业岗位→岗位需求能力→确立教学情境”架构，体现学以致用。课程的学习领域是以企业真实工作情境为依据，充分考虑工作任务的实用性、典型性、可操作性与可拓展性，选择企业典型工作任务，并将其转换成学习领域，确立教学情境、教学任务。

3. 以工作项目为载体实施教学过程

以企业岗位职业能力为基础，以工作过程为导向，把课程学习内容与企业、社会相联系，形成主题任务，进行任务驱动式教学；通过学生和教师共同参与工作任务，让学生提出问题、思考问题、研究问题、解决问题，从而进行动态学习。教学全过程贯彻“做中教、做中学”的方法。

4. 以工作和项目过程为考核方式

在理论和实践教学中，基于工作与项目过程设立多维化的考核模式，注重过程考核与结果相结合。在结果考核中，关注学生作品的整体质量，强调自主创业和创新能力的体现，关注综合职业能力的培养，将考试过程贯穿于教学全过程。

本教材的编写严格贯彻“三全育人”综合改革项目的理念和要求，编写人员均为高职专科院校从事教育的一线教师和德育工作者，拥有丰富的经验，既有高职教育的针对性，又有拓展训练的延展性。本教材由冯天江、刘怡然担任主编，向浩、谭建蓉、周政、钱美容担任副主编。

本教材在编写过程中，借鉴和参考了许多同类教材和文献资料，同时引入了一些专家和企业家的理论观点，还得到了广大师生的支持和帮助，在此表示衷心的感谢！

由于编者水平有限，书中难免存在疏漏和不足之处，敬请广大读者批评指正，以便更好地修订和完善。

编　者
2023 年 9 月

目录

CONTENTS

模块四 人际关系

模块五 职业形象的塑造

模块六 礼仪的概述

模块七 职场妆容塑造

模块八 情绪管理

模块九 口才的艺术

模块十 时间的概述

模块十一 如何塑造阳光心态

模块十二 压力管理

模块十三 成功源于坚持

模块十四 执行力

模块十五 习惯的力量

参考文献

模块一
认识自我

模块导读

大学生正处于人生社会化的关键阶段，如果自我意识发展不全面、自我定位不准确，就会给生活和学习乃至其他方面带来不利影响。古希腊哲学家苏格拉底曾提出“认识你自己”原则，主张人要发展，首先要承认自己的无知，其次要培养理性思维，从而正确地评价和剖析自己。“认识你自己”的思想对当代大学生培养正确的自我意识同样大有裨益，值得我们去探究。

学习目标

1. 理解正确认识自己的意义。
2. 掌握推销自己的方法。
3. 掌握自我表达的能力。

任务一　认识自己

案例分享

邹忌，战国时期齐国的大臣，他向齐威王进谏，以自己为例，指出自己并没有徐公漂亮，但因为妻子和妾室对他的偏爱和奉承，他并没有认清自己。通过这个例子，他向齐威王说明了一个道理：要认清自己的能力和优点，才能更好地治理国家。

【分析】要想改变自我，首先得学会认识自我；要想全面认识自己，首先要学会分析自己，坦然地面对自己的劣势，发挥自己的优势，学会自我体验，获得自信心，增强自我意识，从而不断地改变自我，超越自我。

案例分享

著名化学家奥托·瓦拉赫读中学时，走的是文学道路，但老师认为他是文学艺术的“不可造之才”。于是他便改学油画，可瓦拉赫并没有这方面的天赋，因此成绩十分糟糕，学校更是给出了令人难以接受的评语。在众多老师都认为他成才无望时，只有化学老师认为他做事十分认真，具备做好化学实验应有的良好品质，便建议他尝试学化学。由此瓦拉赫开始了化学之路，其智慧的火花一下子被点燃了，最终获得了诺贝尔化学奖。

【分析】在瓦拉赫成长的道路上，一次次尝试，一次次被否定，面对大家的质疑与否定，他选择不断地尝试，在不断尝试的过程中，他逐渐认清自己，坦然地面对自己的缺点与不足，借助别人的评价来审视自己。不断地发现自我、超越自我，找到适合自己的发展之路，充分发挥自己的优势。健康的自我意识有助于我们正确地认识自己，克服自己的缺点，发扬自己的优点，不断地完善自己。

一、认识你自己

中国有句经典名言：“人贵有自知之明。”在古希腊一座智慧神庙的大门上，也写着五字箴言——认识你自己，古希腊人还将其奉为神谕，视为最高智慧的象征。许多哲人也这样告诫人们。可见，认识自己对人生，乃至人类是何等重要。所谓自知之明，就是自己能正确地了解自己，自己能正确地认识自己。有的人可能认为：“我自己怎能不了解自己、不认识自己呢？”其实不然，有的人可能了解他人、了解环境、了解社会，甚至了解世界，但就是不太了解自己，正所谓“当局者迷”。一个人要做到有自知之明，其实是很难的。

二、自我认识的内容和意义

自我意识即自己对自己的认识，是指人们对自己的身心活动以及自己同客观世界关系的意识和察觉。它是自我认识、自我评价、自我控制的统一，既包括人们对自己生理以及心理的认识，同时还包括人们对自己与他人关系的认识。自我意识并不是与生俱来的，是人们通过社会活动在社会实践中逐渐产生的，自我意识的发展会随着年龄的变化而变化，在个体发展过程中起着重要作用。

中国古语：知人者智，自知者明。印度谚语：认识自己，你就能认识整个世界。人的一生，认识自己最重要，也最困难。正确认识自我，善于发现自己的长处、优点，弥补自己的缺陷或不足，我们才能取得成功。古人常常感慨自己怀才不遇，也常常为自己“英雄无用武之地”而悲伤不已。才华横溢的李白只能“独坐敬亭山”；一心想为百姓造福的陶潜只能“采菊东篱下”；满腔抱负的苏轼却“早生华发”。在这几位诗人的心目中，他们很有才，很有本事，应该驰骋官场，封侯拜相，大展宏图，扶摇直上。但是，这几位诗人真的适合做官吗?

现实生活中每个人都有自己的长处，也有自己的短处，这很正常。只有认清自己的长处和短处，才能扬长避短。认识自己，就是回顾人生，回顾自己走过的路、做过的事，回顾自己的成长历程及人生轨迹。其目的在于通过认识自己，纠正偏颇，以求正途，减少失误，更趋完美。学会认识自己，其实就是学会做人的道理。不断地总结自己，可使自己做事更加理性，思想与行为更加合乎情理。即便面临不同环境、不同条件、不同时期，也可以不断地调整自己的心态，在纷繁复杂的社会中找到适合自己的位置，以适应社会的需要。

正确认识自己是改造自己的前提，只有正确地认识自己，客观地看待自己的不足，才会增强自我改造的自觉性和紧迫感，产生自我改造的内生动力。正所谓人生的最高境界就是学会认识自己。

三、认识自己的途径

（一）欣赏自己

欣赏自己，可以从欣赏外在和内在两方面来考虑。如果你长得英俊，或者漂亮，或者天生丽质，这本身就是一个无与伦比的优势，应该对自己充满信心。如果你很矮，眼睛很小，皮肤不白，甚至有残疾，你也可以通过提升自己的气质修养来展现自己。当然，英俊和漂亮的外表也需要内在的德才学识来武装或完善，否则也经不起检验。我很胖，但我很可爱；我皮肤很黑，但我很健美；我很丑，但我很温柔；我有残疾，但我的精神世界很健全。不必为长青春痘而苦恼，也不必为减肥而忍饥挨饿；不要为长相一般而失去信心，也不必为一些小事而斤斤计较。一个人只有先欣赏自己、肯定自己，才能被别人欣赏，才能把握住今天、明天和未来。

（二）认识自己的价值

案例分享

孙某像许多大学生一样，在填报高考志愿选择专业时还是懵懵懂懂的，不知选择什么专业，别人告诉她“选你自己喜欢的”，她却发现自己并不了解自己，也不知道自己真正喜欢什么。于是，她听从了长辈的意见，选了“女孩子比较适合”的外语专业。她对自己所学的专业谈不上喜欢，但也谈不上讨厌。她很在意别人的看法，例如她所学的专业是否有前途，其他专业又如何等。每当这个时候，她都会陷入困惑和迷惘，质疑所学的专业是否适合自己，也不知道什么样的职业才是自己喜欢的，慢慢地对自己也失去了信心。

案例分享

陈某，高一女生，从一所普通中学考入市重点中学，学习成绩在班上处于比较靠后的位置。几个月来，她常常情不自禁地过分夸大自己的缺点，甚至毫无根据地臆造出自己的许多弱点，还总爱拿自己的短处与他人的长处相比。由此，她慢慢失去了自信心，觉得自己一无是处，对那些自认为无力完成或者实际上稍加努力即可完成的任务都轻易地放弃了。

【分析】以上两个案例的共性，都是对自己认识不足，对自己的价值认识不够，没有人生目标，导致做事犹犹豫豫，失去信心。对自己认识不足、了解不够，对自己的价值认识不清，缺乏责任感，理想和目标缺失是很多高中生都存在的问题。这会严重影响我们的学习和生活，影响我们形成正确的人生观和价值观，甚至影响我们一生的成败。

（三）认识自己的长处和短处

深刻地了解自己，就是在认清自己长处的同时也认清自己的弱点。发现自己过于骄傲自满时，便需要通过发现自己的无知来降温，通过什么方式才能认清并了解自己呢？唐太宗李世民认为，以铜为镜，可以正衣冠；以史为镜，可以知兴替；以人为镜，可以明得失。即是说，要想认清并了解自己，首先要从别人对你了解之后的真实评价中获得。在这里，别人是指“真心关心你的人，包括亲人”。知己知彼，方能百战不殆。因此，认清并了解自己是非常必要的。

（四）认识自己的情绪

案例分享

从前有一个村庄里住着一个爱发脾气的老人，他时常因为小事生气发怒，村民们都害怕他。一天，他的好友送给他一只木桶，告诉他：“每次你生气时，就把这只木桶里装满水，直到你冷静下来为止。”老人遵循了好友的建议，每次发脾气时，他就拿起木桶，往里装水，直到他冷静下来。随着时间的推移，他发现自己发脾气的次数越来越少，情绪也越来越稳定。

【分析】认识自己的情绪是指对自己情绪的感知和体察能力，也就是知悉自己当前所处的情绪状态。事实上，许多人对自己当前所处的情绪状态并不十分了解。这则故事生动地描绘了一个人陷入某种不良情绪，以及自己从此情绪中幡然醒悟之间的根本区别。生活中经常有人为了某件小事而大发脾气，殊不知这是因承受某种心理压力而产生的焦虑所致。正如我们身边的朋友、亲人，往往不能准确表达自己的情绪状态，一起外出游玩，征询他们的意见，回答却是“随便”“还可以”，其实就是不能清楚地了解自己的情绪。事实证明，不善于表达自己情绪的人，往往也无法顾及别人的情绪，他们在与人相处时，往往表现得比较冷漠，难以与人沟通。正确认识自己的情绪是高情商的表现。对自身情感认识能力越强的人，越能把握自己的生活之舵、命运之舟。

切记，认识自己的情绪，目的是控制自己的情绪，延缓欲望的满足及自我激励；同时，也为了洞察他人的情绪，以维系良好的人际关系，最终取得骄人的成绩。当然，一个人要全面认识自己很不容易，例如认识自己学习或工作成败的原因，认识自己的潜能、爱好、性格等。

（五）战胜自己

著名学者傅雷认为，人生就像钟摆，总在幸福与不幸之间来回摇摆。面对学习和生活中的各种困难，面对自身的许多弱点，我们该怎么办呢？生物学家认为，生物的基因型决定表现型，而表现型还与环境有关。因此，即使先天不足也能以勤补拙。

案例分享

1981 年，梵蒂冈举办了“宇宙论坛”科技会议。会议结束后，当一辆轮椅驶过教皇面前时，但见教皇离开自己的座位，向轮椅跪下行礼，这令在场的人目瞪口呆。坐在轮椅上的人就是 2002 年 8 月曾赴我国轮回讲学的物理学家、科学奇才霍金。霍金 21 岁时患上了一种罕见的基因病——肌萎缩侧索硬化。医生断言：霍金全身将慢慢萎缩瘫痪，最后在痛苦不堪中死去，活不到 25 岁。然而霍金不仅远远活过了 25 岁，而且创立了“黑洞物理学”，其研究领域直指浩瀚的宇宙，他编撰的《时间简史》发行量超过了 5 000 万册。霍金说：“我即使被关在果壳里，仍自以为是无限空间之王！”这句话道出了霍金的崇高精神追求。

【分析】没有什么能打败你，因为你已有强大的信心，死神也望而却步。想想霍金，你也一样，没有什么困难不可以战胜。

任务二　推销自己

一、自我介绍礼仪

（一）自我介绍类型

①主动型：无引荐人。

②被动型：应他人要求。

（二）自我介绍的时机

①应聘求职、应试求学时。

②在社交场合与不相识者相处时。

③不相识者对自己很感兴趣。

④在聚会场合与身边的人共处时。

⑤他人请求自己作自我介绍。

⑥介绍陌生人组成的交际圈。

⑦求助对象对自己不甚了解，或一无所知时。

⑧前往陌生单位联系业务时。

⑨在旅途中与他人不期而遇，又有必要与之接触时。

⑩初次登门拜访不相识者。

⑪利用大众传媒向社会公众进行自我推介、自我宣传时。

⑫利用社交媒介（如电话、传真、电子邮件等）与不相识者进行联络时。

（三）自我介绍的场合

①社交场合遇见自己想要结识的人，又找不到适当的人介绍。

②电话约见从未谋面的人时。

③演讲、发言前。

④求职应聘或参加竞选。

（四）自我介绍方式

1. 应酬式

在某些公共场合或一般性的社交场合，例如旅途中、宴会厅、舞厅、电话交流时，都适用应酬式的自我介绍。应酬式介绍的对象是进行一般接触的交往对象，或者泛泛之交，或者早已熟悉，进行自我介绍，仅仅是为了确定身份或打招呼而已。因此，这种介绍要求简洁精练，一般只需介绍姓名即可。例如："您好，我叫周琼。""我是陆曼。"

2. 工作式

工作式的自我介绍，主要适用于工作和公务交往，是以工作为自我介绍的重点，因工作而交际，因工作而交友。工作式自我介绍包括三要素：本人姓名、供职单位及部门、担任的职务或从事的具体工作，缺一不可，除非确信对方已经熟知。例如，面试时介绍姓名，应当一口报出。有姓无名，或有名无姓，都会显失庄重。供职的单位及部门，最好全部报出；当然，工作部门也可以暂不报出。担任的职务，最好也报出；职务较低或无职务的，可以报出目前所从事的具体工作。

3. 交流式

有时在社交活动中，我们希望某个人认识自己、了解自己，并与之建立联系时，就可以运用交流式的介绍方法，与心仪对象进行初步交流和进一步沟通。交流式自我介绍比较随意，包括介绍者姓名、工作、籍贯、学历、兴趣，以及与交往对象的某些熟人关系。可以不着痕迹地面面俱到，也可以故意有所隐瞒，造成某种神秘感，激发对方产生进一步沟通的兴趣。俗话说"套磁"就属于此类，而时下网络上的"浪漫邂逅"更是典型代表。

4. 礼仪式

在某些正规而隆重的场合，例如讲座、报告、演出、庆典、仪式等场合的开场白，要运用礼仪式的自我介绍，以示对介绍对象的友好和敬意。礼仪式自我介绍包括四要素：姓名、单位、职务、敬语，以符合这些场合的特殊需要，营造谦和有礼的交际气氛。

在社交场合，我们应根据具体情况采用不同的自我介绍方式，以实现既定的目的和效果。同时，还要注意掌握相应的语气、语速，以适应当时的情境。力求做到实事求是，真实可信，既不过分谦虚，也不贬低自己，更不自吹自擂、夸大其词。只有这样，才能顺利通过交际第一关，为日后进一步交往打下良好的基础。

（五）自我介绍的态度

①自然、友善、亲切、随和，整体落落大方，笑容自然。

②自信和坦然，正视对方双眼，眼神不可飘忽不定。

③表达真实情感，不冷漠。

④语气自然，语速正常，吐字清晰，说普通话。

⑤追求真实。

⑥自我评价应适度掌握分寸，慎用“很”“非常”等极端词语。

二、让别人记住你

介绍自己的名字是当众讲话的基本功，也是当众讲话场合必不可少的环节。有特色地介绍自己的名字，让人一听就能记住，并能对号入座，这是非常关键的。

案例分享

有两位同学，一位叫巩红梅，一位叫那芸。巩红梅这样介绍自己：“我姓巩，名红梅。巩是冯巩的巩，巩俐的巩，也是巩汉林的巩，虽说跟他们一个姓，但是我的艺术细胞却比不上他们。但我的名字很有骨气——红梅，就是笑傲寒风、飞雪迎春的红梅。希望大家记住我，我叫巩红梅。”

那芸这样介绍自己：“我姓那，就是左边一个开字，右边一个耳朵旁的那字，芸就是上面一个草字头，下面一个云彩的芸字。父母给起的，我也不知具体有何意义。谢谢大家。”

【分析】显然，两位同学的介绍，前一位同学一下子就让人记住了她，而且赢得了听众的掌声，赋予了自己名字积极的意义。后一位同学的介绍就是普普通通的一般介绍方法。所以，大家一定要学会如何艺术地介绍自己的名字。自我介绍一般包括姓名、籍贯、职业、爱好等要素。

（一）学会如何艺术地介绍自己的名字

1. 赋予名字积极的意义

例如，巩红梅的自我介绍。又如，“赵杰”这个名字，如果说：“赵是走之旁，加一个叉，杰是木字下面四点。”这样的介绍就非常一般，毫无新意。如果说：“赵是赵钱孙李的赵，百家姓中第一大姓。”就能赋予名字积极的意义，给人耳目一新的感觉。

2. 故事法

讲述名字的来历或编造一个关于名字的故事，也是比较好的方法。例如，“孙迎菊”可以这样介绍自己：“我叫孙迎菊，据我妈妈讲，在我出生的那天，我家窗台的那一盆菊花一夜之间全都绽放开来，于是妈妈就给我起了这个名字。”又如，“涂忆洪”可以这样介绍自己：“我叫涂忆洪，洪是洪水的洪。出生那年，我的家乡发生了严重的洪涝灾害，国家损失惨重，爸爸顾不上我刚刚出生，就去参加了抗洪救灾工作。因此，妈妈就给我起了‘忆洪’这个名字，希望我们能够时刻想起那段艰难的岁月，珍惜现在的美好生活。”

3. 与名人挂钩

与名人挂钩，可以利用名人效应，让别人更容易记住自己。例如，“周江平”可以这样介绍自己：“我叫周江平，周是周恩来的周，江是江上青的江，平是邓小平的平。三位伟人都是我崇拜的偶像，因此，我时时刻刻都把偶像挂在嘴边，鞭策自己做一个对社会有益的人。”

4. 谐音法

利用谐音也能给人留下丰富的想象空间，留有余味。例如，“邢芸”可以这样介绍自己：“我叫邢芸，芸是芸芸众生的芸。告诉大家一个秘密，你们要常喊我的名字，这样就会得到好运。因为我的名字谐音就是‘幸运’，请大家记住我，我会带给你们幸运的！”又如，“刘学”可以这样介绍自己：“大家好，我叫刘学，刘是刘少奇的刘，学是学习的学。虽然我叫刘学，但从小学到大学，我从未留过级，只是后来我确实去美国留学了半年，现在可谓名副其实啊！”

5. 图像法

就是营造一种图像，让别人想象一下，这样更能让人记住你的名字。例如，“余江雁”可以这样介绍自己：“大家好，我叫余江雁，请大家想象一下，在长江上空，有一只大雁在自由飞翔，搏击长空，那就是我，余就是我的意思。请大家记住我的名字：长江上空一只翱翔的大雁。”

6. 和地名挂钩

与自己相关的地名挂钩，既让对方记住了自己的名字，又能了解一些其他信息。例如，“李淮河”可以这样介绍自己：“我姓李，来自江苏，从小在秦淮河边长大，因此我的名字叫作李淮河。”

7. 调侃法

在某些场合使用调侃自己的方式，给人以轻松的记忆，效果也非常好。例如，“秦珅”可以这样介绍自己：“我叫秦珅，秦桧的秦，和珅的珅，虽然这两位都是大奸臣，但我是个不折不扣的大好人。心地善良，有情有义，和秦桧无缘，与和珅不沾边。希望大家记住我，也请相信我，秦珅是个大好人。”又如，“宋德让”可以这样介绍自己：“我叫宋德让，大家都喜欢和我交往、做生意，因为他们说和我做生意不吃亏，因为我‘送了’，还‘得让’着他们。”

8. 拆字法

例如，老舍，名舒庆春，字舍予；还有位作家，叫张长弓；等等。

9. 古诗词法

例如，张恨水，源自“自是人生长恨水长东”；张习之，源自“学而时习之，不亦说乎”。

（二）籍贯

介绍籍贯，主要有以下三种方法：

1. 与当地的人文历史挂钩

例如：“我来自江苏扬州，扬州自古出美女，扬州八怪名闻天下，扬州又是 ×× 的故乡，希望大家有机会可以到扬州一游。”“各位朋友，我来自南昌，中国革命斗争的第一枪就是在南昌打响的。”

2. 与地理方位挂钩

例如：“各位朋友，我来自哈尔滨，中国最北边的省会，松花江上的最大城市。”“我来自桂林，著名的旅游胜地，桂林山水甲天下，想必大家都非常向往。”

3. 与当地小吃特产挂钩

例如：“我来自广州茂名，著名的荔枝之乡。”“我来自清远，大家都知道，清远有天下闻名的清远鸡。”

（三）职业

介绍职业应尽量赋予职业积极的意义和形象化的比喻。

例如：“我的职业是教师，所以常常被人们称为人类灵魂的工程师。”“我的职业是网络维护工程师，简单来说就是虚拟世界的修理工。”“我的职业是推销员，简单来说就是‘走出去、说出来、把钱收回来’，靠口才吃饭的人。”

任务三　表达能力

美国成人教育协会和青年联合会调查结果显示：成人最关注的是健康问题，其次是人际关系问题。那些在事业上大获成功的人除了拥有渊博的知识外，更重要的是还掌握了某种生存技能——善于讲话、善于改变他人的思想、善于推销自己和自己的意见及产品。简言之，表达能力影响人的命运。

一、表达能力的概述

表达是在特定的场合或情境中，以语言或非语言等方式为载体，以传递信息、交流思想、建立共识等为目的的交际形式与过程。表达能力是指通过一定的表达方式、表达流程及表达技巧来提高表达效果的能力。表达的目的包括争取听众注意、引起听众兴趣、创造听众需求、促使听众行动。良好的表达能力具有以下作用：

①让人想学东西——言之有物。

②让人愿意接受——言之有理。

③让人想听下去——言之有形。

二、能力培养

表达能力包括口头表达能力、文字表达能力、数字表达能力、图示表达能力等形式。数字表达能力、图示表达能力属于专业范围内修炼的基本技能，在这里我们主要探讨口头表达能力和文字表达能力。

（一）口头表达能力

口头表达能力就是口才。一个人口才不佳，就像茶壶装汤圆倒不出来，对自己是非常不利的。求职者在求职过程中首先需要展示的才能就是说话，因为用人单位向你提出的第一个问题很可能就是：“为什么来我们单位应聘？说说你的想法和情况。”一个人虽有才华但不善于口头表达，无论如何都可能会被其他人认为是一种缺陷。因此，训练口才需要把握以下几点：

（1）努力学习和掌握相关知识，仅仅“就口才论口才”是远远不够的君不见那些伶牙俐齿的“巧舌媳妇”，尽管能说会道，却登不了“大雅之堂”。出色的口头表达能力其实是由多种内在素质综合决定的，需要冷静的头脑、敏捷的思维、超人的智慧、渊博的知识及一定的文化修养。为此，我们需要努力学习和积累有关理论、知识和经验，例如学习演讲学、逻辑学、辩论学、哲学、社会学、心理学等。

（2）努力学习和掌握相应的技能、技巧

例如，讲课、讲演时要做到：

①准备充分，写出讲稿，但又不照本宣科。

②以情感人，充满信心和激情。

③以理服人，条理清楚，观点鲜明，内容充实，论据充分。

④注意概括，力求用言简意赅的语言传达最大的信息量。

⑤协调自然，恰到好处地以手势、动作、目光、表情帮助说话。

⑥表达准确，吐字清楚，音量适中，声调有高有低、节奏分明，有轻重缓急、抑扬顿挫。

⑦幽默生动，恰当地运用设问、比喻、排比等修辞方法及谚语、歇后语、典故等，使语言幽默、生动、有趣。

⑧尊重他人，了解听者的需要，尊重听者的人格，设身处地为听者着想，以礼待人，语调平和，注意观察听者的反应，及时调整说话策略。

（3）积极参加各种能增强口头表达能力的活动

例如演讲会、辩论会、班会、讨论会、文艺晚会、街头宣传、信息咨询等活动，力求多讲多练。但凡课堂上老师讲授的或者在书本中学到的知识，都尽可能用自己的话表述出来，这有助于提高口头表达能力。锻炼口头表达能力要有刻苦精神，要持之以恒。只要我们勤于学习，大胆实践，善于总结，及时改进，我们的口头表达能力一定能够得到提高。

（二）文字表达能力

1. 文字表达能力的定义

文字表达能力与口头表达能力一样，是人们交流思想、表达思想的工具，是学好专业、成就事业的利器。对于大中专学生来说，如果缺乏文字表达能力，不会写或者写不好读书笔记、工作总结、实验报告特别是毕业论文等，显然不能说学好了专业，甚至会影响自己的事业和今后的前途。文字表达能力是各类高级专门人才具备的基本素质之一。因为高级专门人才不同于一般工作人员，他们不仅需要过硬的专业知识，而且需要良好的综合素质，文字表达能力更是其综合素质的重要内涵之一。我们无法想象一个文字表达能力欠佳的人能在科学研究方面取得很大的成就。

2. 培养文字表达能力的基本方法

（1）多阅读，积累素材

多读一些名著和名人传记，还有小故事中的大智慧之类的书籍，如果看到比较优美的文段或者句子，将它摘抄甚至背诵下来。

（2）多接触社会，感受生活

让自己真正融入社会生活中，才可能做到有感而发，从而写出好文章。多读、多看、

多写，还要多观察生活。留意观察生活的人才能写出有真情实感的好文章。

（3）多练笔，寻找灵感

文学作品可以有感而发，也可以记录生活，勤于练笔，自然会慢慢地提高文字表达能力。建议每天写一篇心灵感受的日记，让发生在现实生活中的事情和自己的文字联系起来，或者写一篇读后感，或者记录自己的所思所想，这些都可以用笔记下来。

（4）多思考，升华思想

文学作品除了要有优美的文笔外，还要有自己的思想。如果发自内心，在写作过程中自然会触及到作者头脑中沉淀的观点或看法，那是作者真正的价值观或者对事物认知的态度，这些在日积月累的写作中会慢慢地浮现，到最后体现的也许是一种文风，或者是一种更加独特的思想，那就是你的心灵！写作要用心，其实做任何事情都一样，都要用心。没有心，写出来的成品就空洞无物，没有人喜欢看；用了心的写作，别人自然能感受到，成品自然就成了作品。

课堂活动

实景演练一：

开学不久，学校组织联谊会，来自不同院系的同学非常多，在这样一个能扩大交际圈、广结人缘的场合，你将怎样介绍自己，让别人对你印象深刻呢？

实景演练二：

假如今天你要参加一场非常重要的面试，主考官只给你两分钟时间进行自我介绍，你将如何运用这两分钟时间完美地介绍自己？

模块二

职业目标

模块导读

在今天这个人才竞争的时代，职业生涯规划逐渐成为就业争夺战的另一重要利器。对于每一个人而言，职业生涯都是有限的，如果不进行有效的规划，势必会造成时间和精力的浪费。当代大学生若是一脸茫然地踏入这个竞争激烈的社会，他将如何为自己谋取一席之地？因此，要审视自己、认识自己、了解自己，做好自我评估，包括自己的兴趣、特长、性格、学识、技能、智商、情商、思维方式等。即要弄清自己想干什么、能干什么、应该干什么、在众多的职位面前应当选择什么等问题。因此，欲成功首先要正确地评价自己。

学习目标

1. 了解职业生涯规划的内容。
2. 熟悉职业生涯目标的含义及意义。
3. 掌握职业生涯目标的确定方法。

任务一　职业生涯规划

一、职业生涯规划的含义

著名人力资源管理专家威廉姆·罗斯维尔将职业生涯规划定义为：个人结合自身情况及眼前的制约因素，为自己实现职业目标而确定行动方向、行动时间和行动方案。个人职业规划是在了解自我的基础上确定适合自己的职业方向、目标，并制订相应的计划，以避免就业的盲目性，降低从业失败的可能性，为个人走向职业成功提供最有效的路径。还有专家将其定义为：职业生涯规划是一个人尽其可能地规划未来生涯发展的历程，在考虑个人的智能、兴趣、价值观，以及阻力、助力的前提下做好妥善安排，并借此调整、摆正自己在人生中的位置，以期自己能适得其所。从上述定义可以看出，职业生涯规划是一个人主动的、有意识的行为。简言之，职业生涯规划就是找到引领自己坚定前进的方向，是大学生走向成功的起点。

二、职业生涯规划的分类

职业生涯规划按照时间可分为人生规划、长期规划、中期规划和短期规划（表 2.1）。

表 2.1　职业生涯规划的分类

类型	定义及任务
人生规划	整个职业生涯的规划，包括从求学阶段的学业规划到退休后的生活规划，设定整个人生的发展目标。例如：成为一名拥有数亿元资产的公司董事长。
长期规划	5 ~ 10 年的规划，主要设定较长远的目标。例如：30 岁时成为一家中型公司的部门经理，40 岁时成为一家大型公司的副总经理等。
中期规划	一般为 2 ~ 5 年的目标与任务。例如：到不同业务部门任经理，从大型公司部门经理升职为小公司经理等。
短期规划	两年以内的规划，主要是确定近期目标，规划近期完成的任务。例如：专业知识的学习、两年内掌握哪些业务知识等。

三、职业生涯规划的黄金原则

（一）择己所爱

从事一项自己感兴趣的工作，本身就能带给你某种满足感，你的职业生涯从此变得妙趣横生。兴趣是最好的老师，是成功之母。调查表明：兴趣与成功的概率呈明显的正相关。在规划自己的职业生涯时，请务必注意：考虑自己的爱好，珍惜自己的兴趣，选择自己喜欢的职业。

（二）择己所长

任何职业都要求从业者掌握一定的技能，具备一定的能力。一个人一生中不可能掌握所有技能，因此，在进行职业选择时务必择己所长，充分发挥自己的优势，运用比较优势

原理充分分析他人与自己，尽量选择冲突较小的优势行业。

（三）择世所需

社会需求是不断演进变化的，旧的需求在不断消失，新的需求在不断产生，新的职业自然也在不断产生。因此，我们在规划自己的职业生涯时，一定要分析社会需求，择世所需。最重要的是，目光要长远，尽可能准确地预测未来行业或者职业发展的方向，然后做出选择。不仅要有社会需求，而且需求还要长久。

（四）择己所利

职业是一个人谋生的手段，其目的在于追求个人幸福。因此，在择业时，首先应考虑个人的预期收益：即个人幸福最大化。明智的选择是在收入、社会地位、成就感和工作付出等变量组成的函数中求取最大值，这就是选择职业生涯的收益最大化原则。

四、职业生涯规划的步骤

职业生涯规划是一个周而复始的连续过程，具体步骤如下：

（一）确定志向

如果你不知道要往哪儿走，通常情况下，你哪儿也去不了。志向是事业成功的基本前提，没有志向，事业的成功根本无从谈起。俗话说："志不立，天下无可成之事。"立志是人生的起跑线，反映了一个人的理想、胸怀、情趣和价值观，影响着一个人的奋斗目标及成就的大小。因此，在制订职业生涯规划时，首先要确定志向，这是制订生涯规划的关键，也是职业生涯中最重要的一点。

（二）准确评估

准确评估包括两个方面的内容，即自我评估和职业生涯机会评估。准确评估是进行职业生涯规划的基础。

1. 自我评估

自我评估的目的是认识自己、了解自己。只有充分认识自己，才能对自己的职业做出正确的选择，才能选定适合自己发展的职业生涯路线，才能对自己的职业生涯目标作出最佳抉择。自我评估包括自己的兴趣、特长、性格、学识、技能、智商、情商、思维方法、道德水准及社会中的自我，等等。

2. 职业生涯机会评估

职业生涯机会评估主要是评估各种环境因素对个体职业生涯发展的影响。每一个体都处于一定的环境，离开了这个环境便无法生存与成长。因此，在制订个人职业生涯规划时，要分析环境的特点、环境的发展状况、个体与环境的关系、个体在环境中的地位、环境对个体的要求，以及环境对个体的有利条件与不利条件等。只有充分了解这些环境因素，才能在复杂环境中主动趋利避害，完美规划自己的职业生涯。

（三）职业选择

通过自我评估、职业生涯机会的评估，认识自己、分析环境，从而对自己的职业或目标职业作出选择，即在职业选择时要充分考虑自身的特点，充分考虑环境因素对自己的影响。

职业选择正确与否，直接关系到个人事业的成败得失。据统计，在选错职业的人群中，有 80% 的人是事业上的失败者。正所谓"女怕嫁错郎，男怕选错行"。由此可见，职业选择对人生事业发展何等重要。通常情况下，职业生涯的选择需考虑以下五个问题：我想往哪个方向发展？我能往哪个方向发展？我可以往哪个方向发展？我的职业选择能助我实现人生的最终目标吗？是否有一种途径可以让我现有的职业与人生的基本目标一致？

（四）确定职业生涯路线

职业确定后，准备往哪条路线发展，是需要做出选择的。是走行政管理路线，还是专业技术路线？发展路线不同，对职业发展的要求也不尽相同。因此，在职业生涯规划中需作出抉择，以便自己的学习、工作及各种行动措施沿着你的职业生涯路线或预定的方向前进。通常情况下，职业生涯路线的确定需考虑以下三个问题：我想往哪条路线发展？我能往哪条路线发展？我可以往哪条路线发展？对以上三个问题进行综合分析，就可以确定自己的最佳职业生涯路线。

（五）确定职业生涯目标

职业生涯目标的确定是职业生涯规划的核心。一个人事业的成败，很大程度上取决于他有无正确适当的目标。没有目标如同驶入大海的孤舟，四野茫茫，没有方向，不知道自己走向何方。只有确立了目标，才能明确奋斗方向。目标犹如海洋上的灯塔，指引人们避开险礁暗石，走向成功。目标的确立，是继职业选择、职业生涯路线选择后，对人生目标作出的抉择。其抉择是以自己的最佳才能、最优性格、最大兴趣、最有利的环境等信息为依据。通常情况下，目标分为短期目标、中期目标、长期目标和人生目标。短期目标一般为 1 ~ 2 年，又可分为日目标、周目标、月目标、年目标；中期目标一般为 3 ~ 5 年；长期目标一般为 5 ~ 10 年。

（六）制订行动计划与措施

职业生涯目标确定后，行动便成为关键环节。没有实现目标的行动，目标就是空谈，更谈不上事业的成功。这里所指的行动，是指落实目标的具体措施，主要包括工作、训练、教育、轮岗等措施。例如，为实现目标，在工作方面，你计划采取何种措施提高工作效率？在业务素质方面，你计划学习哪些知识、掌握哪些技能，从而提高自己的业务能力？在潜能开发方面，你准备采取何种措施开发自己的潜能等，这些都要有具体的计划与明确的措施，且这些计划要求特别具体，以便定时检查。

（七）评估与反馈

俗话说："计划赶不上变化。"事实上，影响职业生涯规划的因素很多，有的变化因素是可以预测的，有的变化因素则难以预测。为此，欲使职业生涯规划行之有效，就必须不断地对职业生涯规划进行评估与修订。修订内容包括：职业的重新选择、职业生涯路线的选择、人生目标的修正、实施措施与计划的变更等。

任务二　职业生涯目标的概述

一、职业生涯目标的内涵

职业生涯目标是人生总体目标在职业领域的具体化，是个人在期望的职业领域中未来某一时间所要达到的具体成就。

案例分享

一根鱼竿和一篓鱼

从前，有两个饥饿的人得到一位长者的恩赐——一根鱼竿和一篓鲜活硕大的鱼。一个人要了一篓鱼，另一个人要了一根鱼竿，然后他们就分道扬镳了。选择鱼的人就地用干柴煮鱼，煮熟后他狼吞虎咽，很快连鱼带汤吃个精光。几天后路人发现他已饿死在鱼篓边。选择鱼竿的另一个人继续忍饥挨饿，一步一步艰难地向海边走去。当他看到不远处那片蔚蓝的大海时，最后一点力气也用完了，他只能眼巴巴地看着大海，带着无尽的遗憾撒手人寰。

思考：如果是你，你会选择哪种方式继续生存？有没有更好的方法？

____

____

____

____

又有两个饥饿的人，长者还是恩赐他们一根鱼竿和一篓鱼。但是，他们并没有各奔东西，而是商定共同去寻找大海。他俩每次只煮一条鱼分着吃，经过长途跋涉两人终于来到了海边，从此过上了以捕鱼为生的日子。几年后，他们盖起了房子，有了各自的家庭，有了自己建造的渔船，过上了富足的生活。

思考：

（1）为什么这两个饥饿的人不仅没有饿死，反而越过越好？

____

____

____

____

（2）从这个小故事中，你能得到什么启示？

____

____

____

____

二、职业生涯目标的构成

职业生涯目标由阶段目标和长远目标构成。

（一）阶段目标

阶段目标是指个人职业生涯不同时间点所设定的阶梯式目标，例如在校期间的目标、毕业后 3 ~ 5 年的目标、毕业后 10 年的目标等。

（二）长远目标

长远目标是指整个职业生涯所要达到的目标，是沿着职业理想指引的方向确立的最远期的奋斗目标，是一个人职业生涯发展的骨架，是决定职业生涯规划成功与否的关键性因素。

（三）阶段目标与长远目标的关系

长远目标是一个个阶段目标的总目标，阶段目标是通向长远目标的阶梯；长远目标的实现不可能一步登天、一蹴而就，而是需要奋力攀登一个个阶段目标所构成的台阶才可能实现。近期目标是最重要的阶段目标，一个长远目标一般是 5 年以上的目标（图 2.1）。

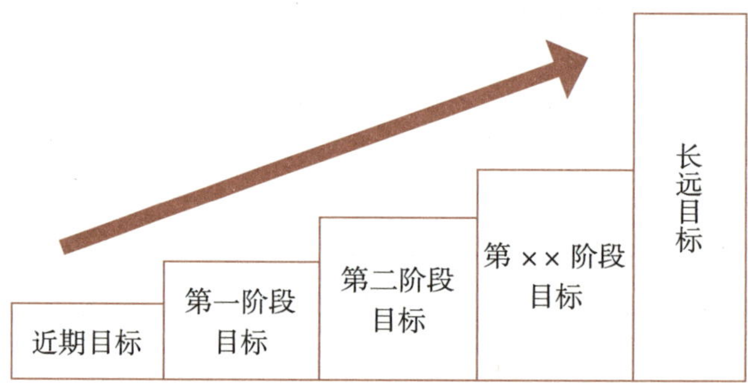

图 2.1　职业生涯阶段目标

三、职业生涯发展目标的选择

不同时期职业生涯发展目标的选择如表 2.2 所示。

表 2.2　不同时期职业生涯发展目标选择

职业生涯时期	目标选择
职业准备期	科学地确定职业生涯发展的长远目标
	积累专业基础知识，训练专业基本技能
	初步获得入职资格
职业选择期	以长远目标为导向，根据社会需要和自己的素质与愿望，及时作出入职匹配的职业选择
	如果发现初次选择有偏差，应及时调整或进行修正以便再次选择
职业适应期	通过“人职权衡”找出差距
	通过调整、弥补、转换等方式，积极适应职业，进行再次选择

续表

职业生涯时期	目标选择
职业稳定期	逐步实施阶段目标的计划，尽力使自己的能力得到发挥和提高、潜力得到发展
	拓展自己对工作和组织的广阔视野
	争取做职业领域的行家里手、领军人物
	培养自己训练和教导他人的能力
职业衰退期	整合个人经验与智慧，继续提升自己的职业素质
	力求成为职业、专业领域的杰出人才
	继续向职业生涯的长远目标迈进
职业结束期	将自己的经验与他人分享
	做好职业角色移交工作

任务三　职业发展目标确定的意义

案例分享

有人曾做过一个实验：组织三个小组，让他们分别步行前往10千米以外的三个村子。

第一个小组不知道村庄的名字，也不知道路程有多远，只告诉他们跟着向导走即可。刚走了2～3千米就有人叫苦，走到一半时有人愤怒了，抱怨为什么要走这么远，何时才能走到目的地，甚至有人坐在路边不愿再走，越往后他们的情绪越低落。

第二个小组知道村庄的名字和路程，但路边没有里程碑，他们只能凭经验估计行程时间和距离。走到一半时大多数人都想知道已经走了多远，有经验比较丰富的人说："大概走了一半的路程。"于是大家又簇拥着向前，当走到全程的3/4时，大家都疲惫不堪，情绪相当低落，而路程似乎还很长。当有人说"快到了"，大家立马又振作起来，加快了步伐。

第三个小组不仅知道村庄的名字、路程，而且公路上每一千米就有一块里程碑，组员们边走边看里程碑，每缩短一千米大家便感到一小会儿的快乐。路途中他们用歌声和笑声消除疲劳，情绪一直很高昂，很快就到达了目的地。

【分析】当人们的行动有明确的目标，并且把自己的行动与目标不断加以对照，清楚地知道自己的进行速度和与目标相距的距离时，行动的动机就会得到维持和加强，人就会自觉地克服一切困难，努力达到目标。

课堂思考

这个故事给予我们何种启示？

____

____

____

____

____

确定职业生涯目标是制订职业生涯规划的关键，目标是激励我们走向成功的动力，志向是事业成功的基本前提。职业生涯目标的设定是职业生涯规划的核心。一个人事业的成败，很大程度上取决于他有无正确适当的目标。一个人要想获得事业的成功，就应当按照人生成功的规律来制订行动的目标。也就是说，一个未来的成功者，必定是一个目标意识很强的人。

任务四　如何制订职业生涯发展目标

一、制订职业发展目标的原则

SMART 原则是目标管理的一种方法，由管理学大师彼得·德鲁克于 1954 年首次提出，目前在企业界得到广泛应用。彼得·德鲁克博士的目标管理精髓在于制订目标体系过程中要遵循 SMART 原则。

（一）明确性（Specific）

案例分享

猎人的目标

父亲带着三个儿子到草原上猎杀野兔。到达目的地后，待一切准备得当，开始行动之前，父亲向三个儿子提出了一个问题："你看到了什么？"

老大回答："我看到了手里的猎枪，在草原上奔跑的野兔，还有一望无际的草原。"父亲摇摇头说："不对。"

老二回答："我看到了爸爸、大哥、弟弟、猎枪、野兔，还有茫茫无际的草原。"父亲还是摇摇头说："不对。"

而老三的回答只有一句话："我只看到了野兔。"父亲眉头一舒，微笑着说："你答对了。"

【分析】有了明确的目标，才会为行动指出正确的方向，才会在实现目标的道路上少走弯路。事实上，漫天目标或目标过多都会阻碍我们前进。要实现心中所想，目标一定要切合实际，否则可能一事无成。

目标必须明确具体，不能抽象模糊。职业规划必须明确、清晰、具体才具有可能性。当谈论具体目标时，切忌空洞地喊“我要找到好工作”“我要成功地晋升”等口号，这只是愿景，不是具体规划，是无法具体执行的。而“我的目标是成为××公司的首席设计师”“我要在今年把工资提升到5 000元”，这些才能称为目标。当开始职业规划时，我们应当更加注重细节，只有处理好了细节问题，才能沿着正确的方向脚踏实地地前进。

（二）衡量性（Measurable）

案例分享

马拉松运动员

山田本一是日本著名的马拉松运动员。他曾在1984年和1987年的国际马拉松比赛中两次夺得世界冠军。记者问他凭什么取得如此惊人的成绩，山田本一总是回答：“凭智慧战胜对手！”大家都知道，马拉松比赛主要是运动员体力和耐力的较量，爆发力、速度和技巧都在其次。因此，对山田本一的回答，许多人都觉得他是在故弄玄虚。

10年之后，这个谜底终于被揭开了。山田本一在自传中这样写道：“每次比赛前，我都要乘车把比赛路线仔细地踏勘一遍，并把沿途比较醒目的标志画下来，例如第一个标志是银行；第二个标志是一棵古怪的大树；第三个标志是一栋高楼……这样一直画到赛程结束。比赛开始后，我就以百米冲刺的速度奋力地向第一个目标冲去，到达第一个目标后，我又以同样的速度向第二个目标冲去。40多千米的赛程，被我分解成几个小目标，跑起来就轻松多了。如果一开始我就把目标定在终点线的旗帜上，当跑了十几千米的时候人就疲惫不堪了，因为我被前面那段遥远的路程给吓倒了。”

【分析】目标是需要分解的，一个人制订目标时，要有最终目标（例如成为世界冠军），更要有明确的绩效目标（例如在某个时间段内成绩提高多少）。最终目标是宏大的，是引领前进方向的目标，而绩效目标是一个个具体的、有明确衡量标准的目标。例如在4个月内把跑步成绩提高1秒，这就是目标分解。绩效目标可以进一步分解。例如第一个绩效目标提高0.03秒。当目标被清晰地分解，目标的激励作用就显现出来，当实现了一个绩效目标时，我们就及时地得到了一个正面激励，这对培养我们挑战目标的信心，作用是巨大的。

可量化是指可衡量、可测量，有一定的评定标准，尤其是针对结果而言。具体来说，可能含有感性的成分，而量化则要求理性的数据和数字，不能出现“大概”“差不多”“快了”等模糊的修辞语。面对职业规划，我们不需要任何自我欺骗和任何借口，因为数据、数字、事实会说明一切。

例如：“为所有学生安排进一步的企业文化培训。”其中，“进一步”是一个既不明确也不易衡量的概念，其含义到底指什么？可否理解为只要安排了这个培训，不管谁讲，也不管效果如何，都可以称为“进一步”？

为此，拟对其略加改进，使之更加准确贴切：“在某一时段完成对所有学生关于某个主题的培训，并且在这一培训结束后，学生评分在85分以下的认定为效果不理想，高于

85分的认定为合格。”这样一来，目标就变得可衡量了。

（三）可实现性（Attainable）

案例分享

雷军创办小米的故事

雷军在武汉大学演讲时，给予毕业生的建议就是要有一步一步可实现的目标。他提到2010年创办小米时，立志要做全球最好的手机。当时他的背景是软件和互联网，还不太懂硬件，就决定先定一个小目标，将软件和操作系统做好。然而，操作系统很复杂，工作量非常庞大，他又定了一个小目标，把最常用的四个功能做好。就这样仅仅用了两个月，MIUI的第一版就做出来了。做出来后，他也没有着急推广，而是先找了100个用户。就这样，一个不靠谱的想法就被分解成一个又一个可实现的目标。

【分析】目标应看得见、够得着，才能成为一个有效的目标，才会内生动力，助力人们获得自己想要的结果。

目标必须具有可及性。职业规划设定的目标要高，要有挑战性，但是一定可以达成。关于“Attainable”，有的翻译为“可行”，有的翻译为“可接受”。其实，无论翻译成什么，都在强调“我们在职业规划中所设定的目标，一定是通过我们的最大努力能够实现的”。例如，目前你只是一名毕业生并无任何相关工作经验，但却计划在一年内成为一家大公司的中层经理，这个目标能实现的可行性并不大；但是，如果你计划在20年内做到中层经理，则又缺乏挑战性，可能不太会有激情去实现这个目标。

（四）相关性（Relevant）

案例分享

保险销售员的故事

有学生向老师提问：“老师，我的目标是想在一年内赚100万元！请问，我该如何计划我的目标呢？”老师反问他：“你能达成吗？”学生回答：“我能！”老师又问：“你知道要通过哪个行业来达成吗？”学生接着回答：“我现在从事保险行业。”老师继续追问：“你认为保险业能帮你达成这个目标？”学生自信满满地回答：“只要我努力，就一定能达成。”

“现在，我们来推演一下，你要为自己设定的目标作出多大的努力。根据通行的提成比例，100万元的佣金大概要做300万元的业绩。一年：300万元业绩；一个月：25万元业绩；每一天：8 300元业绩。”老师缓缓说道。“每一天：8 300元业绩。大概要拜访多少客户？”老师接着问。“大概要50人。”“一天要拜访50名客户，一个月要拜访1 500名客户，一年需要拜访18 000名客户。”

这时，老师又问：“请问你现在有没有18 000名A类客户？”学生回答：“没有。”“如果没有的话，就要靠陌生拜访。你约谈一个人大概要花多长时间？”学生回答：“至少20分钟。”老师说：“每人要谈20分钟，一天要谈50人，意味着你每天要花超过16小时在与客户交谈上，还不算路途时间。请问，你能做到吗？”学生回答：“不能。老师，我懂了。这个目标不是凭空想象的，它需要借助一个能达成的计划才能实现。”

【分析】目标并不是孤立存在的，它与计划成相辅相成关系。目标指导计划，计划的有效性反过来又影响着目标的达成。因此，在实现目标的过程中，要认真考虑自己的行动计划，如何才能更有效地达成既定目标，这是每个人都要考虑清楚的问题。否则，目标定得越高，达成效果越差。

目标的相关性是指实现此目标与其他目标的关联情况。如果实现此目标，但与其他目标完全不相关，或者关联度很低，这个目标即使达成，意义也不大。因为，目标的设定，是与岗位职责密切相关的，不能跑题。例如，一名经常接触外国客户的设计师，他学好英语可以更好地把握这类客户，此时提升英语水平与提高设计师的沟通质量密切相关，即学好英语这一目标与提高设计师工作水准这一目标直接相关。

（五）时限性（Time-based）

目标的时限性表明目标是有时间限制的。例如，某人将在 2016 年 5 月 31 日前完成某事，5 月 31 日就是一个确定的时间限制。没有时间限制的目标就没办法考核，或者带来考核的不公。经验告诉我们，以一周、一月或者一学期为单位设立目标，会比将所有事情都推到毕业前完成要有效得多。

课堂作业

请参照 SMART 原则拟订本学期的学习目标。

目标一：

____

____

____

____

目标二：

____

____

____

____

二、制订职业生涯目标的步骤

（一）确立职业规划目标的前提

在确立职业规划目标之前的关键行动是考察，即对自己和职业环境进行分析。人们应当参与各种各样的职业考察活动，从而增强对自我和环境的认识。对自我和环境的深入了解有助于人们确立可及的并与自己的个性特征和偏好的工作环境相适应的职业规划目标。只要人们还处于需要进一步认识自我和环境的过程，就应推迟目标制订。

对于那些久拖不决的人来说，多积累一些信息固然有所帮助，但据此并不足以帮助他们作出正确的职业规划决策。久拖不决的人必须想方设法打破因杞人忧天和环境制约导致的麻木不仁。职业生涯咨询计划和其他活动可以减轻人的压力和焦虑，增强自信心，这是克服久拖不决毛病的有效措施。职业生涯培训班和聚会聊天都可以减轻内心压力。

（二）制订长期与短期职业规划的概念目标

在确定职业规划目标方面，首先要确认长期的概念目标。长期的概念目标是自我考察与评价过程的结果，需考虑人的需要、价值观、兴趣、才能和期望。因此，长期的概念目标应包括工作职责、自主程度、与他人交往的类型与频度、物质环境及生活方式等方面。实际上，规划长期的概念目标，就是某个人将自己所偏好的工作环境置于 5 ~ 7 年的时间框架内的方案。即追问自己在未来很长一段时期内将从事何种类型的工作？从事哪些活动？获得何种回报并承担哪些职责？

接下来考虑规划短期的概念目标。短期的概念目标作为一种手段，必须支持长期目标。为了从长期目标中提炼出短期目标，我们需要考虑：什么样的工作经历能让你有条件去实现这个长期目标？你需要规划开发或提高哪些才能？什么样的技能有助于实现下一个目标？这些都属于战略问题。也就是说，为了你所追求的某个具体的短期目标能够作为一种手段，你的决策就应对什么是职业规划战略作出解释。

短期目标同样需要具有表现的功能，绝不能把短期目标仅看作某一阶段的终点，必须考虑其能否给人带来重大的回报，能否带来有趣的、有意义的工作任务，能否实现人们所希望的生活方式。因此，短期目标与长期目标一样，都应当与个人偏好的工作环境的主要因素保持一致。

（三）制订长期与短期职业规划的行动目标

行动目标就是把概念目标具象化为某一特定的工作或职位。概念目标转化为行动目标，就需对环境进行考察，即何种职位（或工作或组织）能为你提供机会，符合你的重要价值观、兴趣、才能和生活方式的要求（即你的概念目标）。事实上，并没有一个自动公式可以指导你应该选择哪种行动目标。每个行动目标是否理想或者现实，指导你的应当是自己的判断及从你信任的人那里获得的信息。不过，你可以估计一下，能够满足你的概念目标主要内容的具体行动目标应当具有哪些性质。只有对一个或几个行动目标的这种估计进行核查以后，你才可能对每个行动目标的适当性做出正确评价。在这些方面职业规划专家能帮上你的大忙。

要把概念目标变成行动目标，显然不能脱离生活实际，而且要对每一行动目标的相关活动和回报作出评价，还需要大量的信息。冥思苦想是得不到这些信息的，你可以从雇主或潜在的雇主处获得所需的大部分资料。当你完成了对信息的评价后，就可以衡量某一具体目标能否实现。

（四）制订长期与短期的内、外职业生涯目标

1. 内职业生涯目标

内职业生涯目标是规划职业生涯过程中知识与经验的积累、观念与能力的提高和内心感受。主要内容包括：提升工作能力（例如，能够和上级领导无障碍沟通的能力、组织大型公共关系活动的能力、组织结构设计的能力等）；修炼心理素质（例如，情绪控制和个

人管理）；完善观念（观念主要是指对人、对事的态度和价值观，完善观念使自己更成熟、稳重）；做出工作成绩（指发现和应用新的管理方法创造新的业绩、发表专业论文或著述、取得专业领域的资格或地位等）。

2. 外职业生涯目标

外职业生涯目标是规划职业过程的外在标记，主要包括：工作内容、工作环境、经济收入、工作地点和职位等方面。

三、制订职业生涯目标应注意的问题

影响职业生涯目标的主要因素如图 2.2 所示。

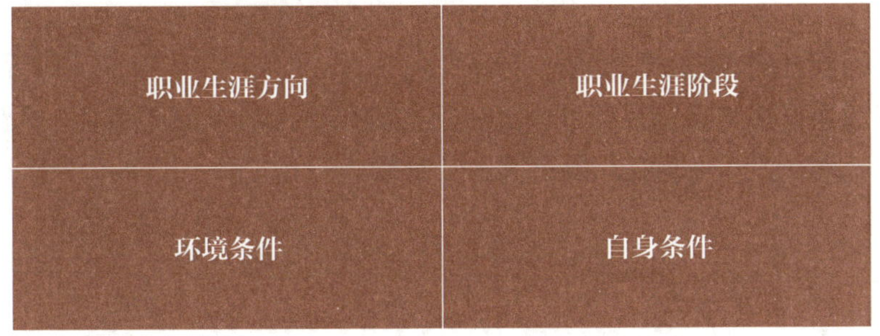

图 2.2 影响职业生涯目标的主要因素

（一）对社会环境的分析

1. 社会文化环境

在良好的社会文化环境中，个人能受到良好的教育和熏陶，从而为职业发展打下更好的基础。

2. 政治制度和氛围

政治不仅影响一国的经济体制，而且影响企业的组织体制，从而直接影响个人的职业发展。政治制度和氛围还会潜移默化地影响个人追求，从而对职业生涯产生影响。

3. 价值观念

一个人生活在一定的社会环境中，必然会受到社会价值观念的影响，其思想发展、成熟的过程，就是认可、接受社会主流价值观念的过程。

（二）对经济环境的分析

在经济发展水平高的地区，企业相对集中，优秀企业自然比较多，个人职业选择的机会相对较多，因此有利于个人职业发展。反之，在经济落后地区，个人职业发展也会相应受到限制。

（三）对组织环境的分析

企业文化决定了一个企业如何对待员工，因此，员工的职业生涯是受企业文化所左右的。管理制度、员工的职业发展，归根到底都要靠管理制度来保障，包括合理的培训制度、晋升制度、考核制度、奖惩制度等。企业价值观、企业经营哲学也只能渗透到制度中，才能得到切实有效的贯彻执行。一个企业的文化和管理风格与其领导者的素质和价值观有直接联系，企业经营哲学往往体现企业家的经营哲学。如果企业领导者不重视员工的职业发展，这个企业员工的职业生涯会十分堪忧。

①应符合社会和组织的需要。职工个人目标与企业目标的关系如图 2.3 所示。

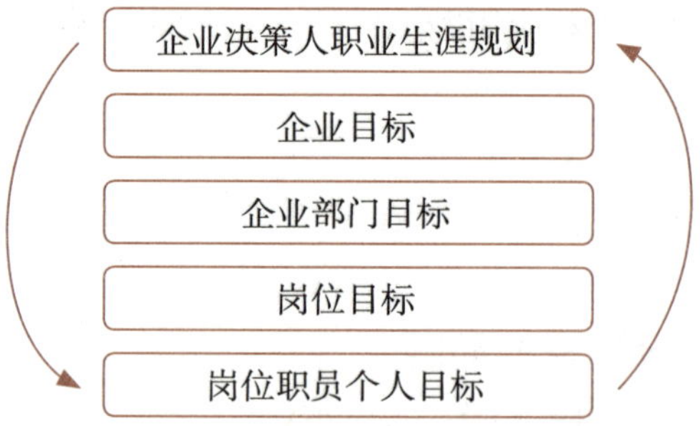

图 2.3　职工个人目标与企业目标的关系

②遵循目标制订的 SMART 原则。

③应注意职业目标与家庭目标及个人生活与健康目标的协调与结合。人生有三关：第一关——学业；第二关——事业；第三关——婚姻。

 任务五　大学生职业发展目标的确定

一、大学生确立目标职业

一般来说，大学生应根据所学专业选择目标职业。专业为职业服务，专业学习是职业生涯的必要准备。大学毕业生前程途径如下：

①大学毕业→就业。

②大学毕业→硕士→就业。

③大学毕业→硕士→博士→就业。

④大学毕业→硕士→创业。

⑤大学毕业→出国硕士→就业。

⑥大学毕业→出国硕士→博士→就业。

⑦大学毕业→出国硕士→博士→创业。

⑧大学毕业→创业。

二、制订大学期间学业规划

高尔基曾经说过，一个人追求的目标越高，他的才能就发展得越快，对社会就越有益。

对于目前高职高专院校的大学生来说，一年级上学期了解自我，一年级下学期锁定感兴趣的职业；二年级有目的地提升职业素养；三年级初步完成学生到职业者的角色转换。

（一）大学一年级上学期

①熟悉校园环境，与同学友好相处，尽快适应大学生活的节奏。

②以学习为主，在努力学习专业知识的基础上，积极参加校园活动和社会实践活动。

③了解自己所学专业的职业发展情况，洞悉外界职场变化。

④阅读和职业生涯规划有关的书籍，了解职业生涯规划的必要性，增强自己的职业生涯规划意识。

⑤探索自我，了解自己的爱好、兴趣、性格、能力，发现自己的优势与劣势。

⑥学会与同学、陌生人交往，锻炼自己的交际能力，建立自己的交际圈。

⑦对学期规划进行总结和评估。

（二）大学一年级下学期

①了解社会、经济、政治、文化和各类职业，尤其是与本专业对应的职业发展状况。

②继续探索自我，利用各种方式和手段了解自己的兴趣、性格和特长，从而根据自身特点、外界的情况和自己所学的专业来明确自己的职业发展目标。

③了解社会职位需求和本专业发展情况，结合自己的评估结果，初步确定自己的职业发展目标。

④根据自己的职业发展目标，确定努力方向，制订职业发展规划。

⑤围绕职业生涯发展规划，制订大学期间其他阶段的行动计划。

（三）大学二年级上学期

①积极参加各种社会实践活动和校园活动，不断拓展自己的交际圈。

②尽可能多地了解与自己职业方向相关的情况，同时选修相关课程，增加知识积累。

③初步明确就业、创业、考研的方向。

④检查职业发展规划的执行情况，适时对自己制订的职业生涯目标进行修正和调整。

⑤考取与专业有关的职业资格证书。

⑥对学期规划进行总结、评估与修正。

（四）大学二年级下学期

①毕业后欲直接就业的同学应积极投身于各种社会实践活动和社团活动，努力培养自己的各种能力和团队合作精神，全面提高自己的综合素质。

②毕业后欲创业的同学，应积极参与各种创业大赛和创业实践活动，提高创业素质，积累经验，了解与创业相关的政策和规定，明确创业方向。

③时间充裕的同学可以利用周末或者暑假进行社会兼职或实习，积累对应聘有利的职业实践经验。

④针对自己的选择，对学业规划进行有针对性的评估与反馈。

⑤参加相应的培训和讲座，全面提升自己的各种能力。

（五）大学三年级

①根据自身情况，灵活调整就业对策。

②多阅读有关求职方面的书籍，学会制作简历、撰写求职信，了解面试技巧和职场礼仪。

③了解与就业相关的劳动法规和政策，为求职面谈做准备。

④求职时保持良好的心态，自信乐观，乐于从基层做起。

三、制订大学期间的生活规划

大学期间的生活规划主要包括养成良好的生活习惯、培养健康的兴趣爱好和树立正确的交友观。

（一）保持身心健康

①养成良好习惯，保持身心健康。合理安排作息时间，形成良好的作息制度；进行适当的体育锻炼和文娱活动；保证合理的营养供应，养成良好的饮食习惯；提倡禁烟、禁酒，防止沉溺于网络游戏等不良习气。

②进行心理调节，保持心理健康。包括情感调节、理智调节、注意力转移调节、合理宣泄调节、交往心理调节、阶段性心理调节。

（二）学会理财

①钱要花在刀刃上。

②学会精打细算。大学生日常消费应遵循以下原则：吃要营养均衡；穿要整洁耐看；住要简单实用；行要省钱方便；不超前消费，买实用和有价值的物品，切勿贪多浪费。

（三）培养健康的兴趣

大学生追寻兴趣存在以下误区：

①找不到自己的兴趣所在。

②兴趣领域过于空泛。

③寄希望于别人帮自己找到兴趣所在。

④在对某一领域还不完全了解的情况下，匆忙决定转专业或转系。

（四）树立青春期正确的交友观

正确对待爱情，恋爱时机要选择，处理好对外交往的关系，学会承受爱情挫折。交友观不仅指爱情，还包括友情。

四、制订大学期间的社会实践规划

（一）选择社团，积极参与社团活动

①社团的选择要扬长避短。以自身兴趣、爱好作为选择社团的基础；社团的选择应与自己的职业规划相关；不能贪多，应适可而止；切勿怀有功利心加入社团。

②真情投入，方有收获。找准定位；学会沟通；贵在坚持。

③理智选择，做一个明智的校园人。做好社团工作与学习时间的选择，处理好数量与质量的关系。

（二）注重社会实践

1. 社会实践的作用

社会实践是学生接触、了解社会的重要途径，通过社会实践，学生可以领先一步进行职业定位。社会实践是学生认识自身角色的重要途径，是加速学生角色转变的促进剂，是培养学生专业能力的最好方式，还能充分发挥社会的育德功能。

2. 社会实践的类型

包括知识（教育）型社会实践、劳动（职业）型社会实践、基本（服务）型社会实践、义务型社会实践。

3. 社会实践的形式

包括公益劳动、教学实习、军事训练、社会考察、社会服务、勤工俭学等。

（三）获取与职业相关的证书

全国英语等级考试、计算机等级证书、普通话水平测试等级证书、教师资格证，以及其他与专业相关的各类证书。

课堂作业

请同学们根据自身情况拟订本学期及大学第三、四、五学期的目标，同时拟订毕业后3年的职业规划目标。

____

____

____

____

模块三

团队的力量

模块导读

卓越团队是每个企业梦寐以求的目标，特别是大型国有企业更是如此。列宁说：“只要千百万劳动者团结得像一个人一样，跟随本阶级的优秀人物前进，胜利也就有了保证。”雷锋说：“一滴水只有放进大海里才永远不会干涸，一个人只有当他把自己和集体事业融合在一起的时候才能最有力量。”的确，在这个充满竞争的时代，任何人都不可能拥有他所需要的全部资源并独立地完成所有事情。每个人只有依靠团队的力量、他人的智慧，才能使自己立于不败之地。

学习目标

1. 明确团队的概念。
2. 明确自己在团队中的定位。
3. 融入团队。

任务一　团队的概述

一、什么是团队

案例分享

世界知名企业丰田、通用、沃尔玛把团队概念“1+1>2”引入生产过程中，造成轰动效应。于是，团队几乎成为所有大企业的主要运作方式，越来越多的公司包括中国企业也看到了团队的重要作用。在盛行企业架构重组、公司文化重整的今天，团队已逐渐成为企业运作的基石。

团队是指两个或两个以上的人为了一个共同目标而组合在一起的协作单位。团队的组成基于实现一个共同目标，从而被赋予必要的技术组合、信息、决策范围和适当的酬劳。他们为实现共同目标而协同工作并着眼于取得工作成果。团队可以调动成员的所有资源和才智，并且会自动地回避某些不和谐、不公正的现象，同时给予那些诚实守信、无私奉献者适当的回报。

二、团队的特征

团队具有八个特征：

①团队具有明确的目标。

②团队成员具有相关的技能。

③团队成员之间相互信任。

④团队成员具有共同的信念。

⑤团队成员之间沟通顺畅，信息交流充分。

⑥团队成员具有谈判的技能。

⑦团队具有公认的领导。

⑧团队具备外部和内部的支持条件。

三、团队的构成要素

管理学家把团队的构成要素称为“5P”。

（一）目标（Purpose）

每个团队都应当有一个既定的目标，它可以为团队成员导航，使其知道何去何从。没有目标的团队是没有存在意义的。

（二）人员（People）

个人是构成团队的细胞。一般来说，两个人就可以构成团队，成员选择是团队建设与管理中非常重要的部分。

（三）团队定位（Place）

团队定位包括两方面：

①团队整体的定位，包括团队在组织中居于何种地位，由谁决定或者选择团队成员，团队最终应当对谁负责，团队采取何种方式激励下属等。

②团队中个体的定位，包括各个成员在团队中扮演何种角色，是指导他人制订计划，还是具体实施某项工作任务等。

（四）职权（Power）

团队的职权取决于两方面：

①整个团队在组织中具有何种决定权。

②组织的基本特征，例如组织规模、业务范畴等。

（五）计划（Plan）

从团队的角度出发，计划包含两层含义：

①最终目标的实现需要一系列具体的行动方案。

②按计划进行可以保证团队工作的顺利，只有在计划的规范下，团队才会一步步地接近目标，最终实现目标。

案例分享

海尔团队的应变能力

一个周五的下午，一位德国经销商给海尔打来订货电话，由于事情紧急，他希望海尔能在两天之内发货，否则订单自动失效。但是，如果在两天内发货，则意味着当天下午就要将所有的货物装船，而时间已经来到周五下午 2 点。按惯例，海关、商检等部门下午 5 点下班，时间仅剩 3 小时，按照常规流程，这一切是根本不可能完成的。海尔的团队精神在这时发挥了巨大的作用，他们采取齐头并进的方式，调货的调货、报关的报关、联系货船的联系货船，每个人都全身心地投入工作中，抓紧每一分每一秒，力求每一个环节都能顺利通过。当货船终于驶离海岸时，所有的员工都松了一口气，脸上呈现出胜利的笑容。当天下午 5 点 30 分，这位经销商接到了来自海尔货物发出的信息，他感到非常吃惊，对海尔更是由衷的感激。后来，他还亲自给海尔写了一封感谢信。

四、团队和群体的区别

群体是聚集在一起的同类人或物种，它是量的组合。人类虽有不同的人种，但仍可以组成一个群体。团队并不是一群人的机械组合，而是捏合，是质的提升（图 3.1、图 3.2）。

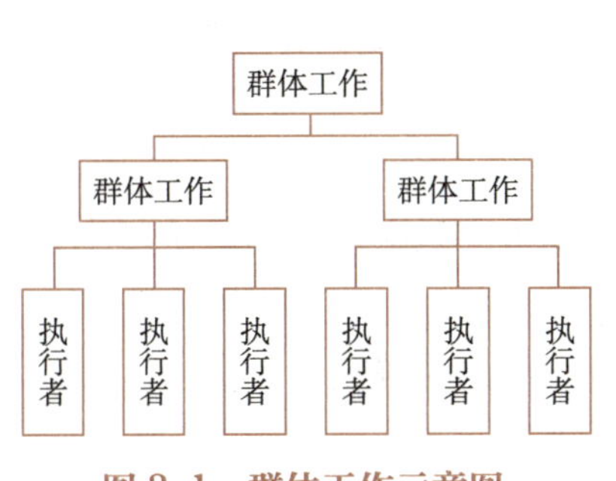

图 3.1　群体工作示意图

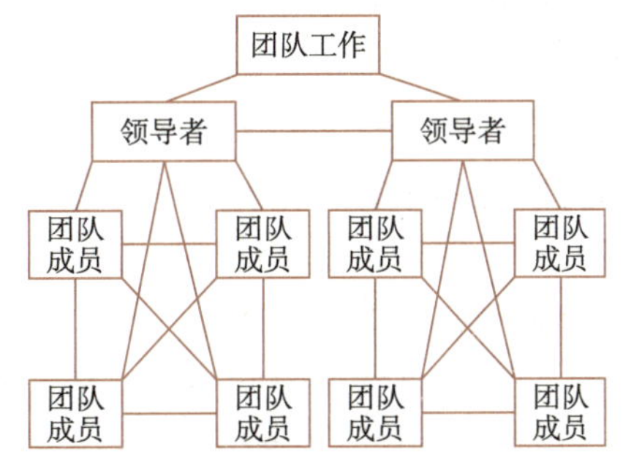

图 3.2　团队工作示意图

任务二　优秀的团队

案例分享

向大雁学习优秀团队的合作

大雁是一种候鸟，春天到北方繁殖，冬天到南方过冬，每一次迁徙都要经历 1 ～ 2 个月，历经千辛万苦。但它们春天北去，秋天南往，从不失信。不管在何处繁殖、何处过冬，总是非常准时地南来北往。要完成这种空间上的跨越，自然免不了长时间的飞行。每当秋季来临，天空中成群结队南飞的大雁就是一支完美的团队，是值得我们借鉴的企业经营的楷模。雁群是由数百只，甚至上千只有着共同目标的大雁组成，由有经验的头雁带领，加速飞行时，队伍排成“人”字形，一旦减速，队伍就由“人”字形换成“一”字长蛇形，这是为了进行长途迁徙而采取的有效措施。科学研究表明，雁群组队齐飞要比单飞提速 22%，“人”字形可以增加雁群 70% 的飞行范围。当前面的头雁翅膀在空中划过时，翅膀尖会产生一股微弱的上升气流，排在其后的大雁就可以依次利用这股气流，从而节省体力。但头雁没有这股微弱的上升气流可利用，很容易疲劳，因此在长途迁徙过程中，雁群需要经常地变换队形，更换领头雁。当领头雁感觉疲倦无力时，另外的大雁会及时补位，以此保持飞行速度。漫长的迁徙过程中总是头雁领航搏击，这是一份承担、一份责任、一种敢于牺牲的精神。雁群有明确的分工合作，当飞行途中停下休息时，其中有负责觅食、照顾年幼或年老的青壮大雁，有负责雁群安全放哨的大雁，有负责安静休息、调整体力的领头雁。在雁群进食时，巡视放哨的大雁一旦发现有敌人靠近，便会长鸣一声发出警示信号，群雁便整齐地冲向蓝天，列队远去。而那只放哨的大雁，在同伴都进食时自己却不吃不喝，这也是一种为团队牺牲的精神。在飞行途中，领头雁时常发出“咿啊、咿啊”的叫声带领雁群相互激励，鼓励其他大雁不要掉队，通过共同扇动翅膀来形成气流，为后面的队友提供“向上之风”。如果雁群中有受伤或生病的大雁，它们会离开雁群直至恢复（或死亡），然后加入新的雁群，继续南飞直至目的地。

一、优秀团队的特征

优秀团队的特征包括：清晰的目标、相关的技能、一致的承诺、相互的信任、良好的沟通、谈判的技能、内部的支持、恰当的领导、外部的支持。

二、优秀团队必须创造的条件

哈佛大学心理学家理查德·哈克曼认为：一支优秀团队必须创造五个基本条件。

（一）团队要真实

对团队的范围必须界定明确，领导者有责任对此作出明确说明。

（二）团队要有令人信服的方向

团队成员要清楚团队的目标，并就此达成共识。

（三）团队需要建设性的结构

如果团队任务设计不当，成员数量或构成不适，行为规范含糊或执行不力，效果肯定不佳。

（四）团队需要组织的支持

组织环境包括奖惩机制、人力资源体系及信息系统，这些都有助于团队开展工作。

（五）团队需要专家的指导

团队需要在工作推进过程中获得指导，尤其是在项目开始、中期检查和项目结束时。

任务三　团队成员的角色

案例分享

韩昭侯醉酒

韩昭侯是战国时期韩国的国君。有一天，韩昭侯喝醉酒后和衣睡着了，典冠（即掌管国君帽子的侍卫官）担心他着凉，就轻手轻脚地给他盖上了一件衣服。韩昭侯醒后，很不高兴，问左右："是谁给我盖的衣服？"左右答道："是典冠给您盖的。"于是，韩昭侯将典衣（即掌管国君衣服的侍卫官）与典冠一同治罪。韩昭侯处罚典衣，是因为典衣在履行职责时缺位；而处罚典冠，是因为韩昭侯认为他越位了。韩非子评论说，韩昭侯并不是怕受凉，而是他认为越位比受凉更可怕。

一、团队角色分类

英国剑桥产业培训研究部前主任贝尔宾博士和他的同事们经过多年在澳洲和英国的研究与实践，提出了著名的贝尔宾团队角色理论，即一支结构合理的团队应当由八种人组成：

（一）实干者

特征：保守，顺从，务实可靠。

优点：有组织能力和实践经验，工作勤奋，有自我约束力。

缺点：缺乏灵活性，对没有把握的主意不感兴趣。

（二）协调者

特征：沉着，自信，有控制局面的能力。

优点：对各种有价值的意见不带偏见地兼收并蓄，看待问题比较客观。

缺点：在智力及创造力方面并非超常。

（三）塑造者

特征：思维敏捷，开朗，主动探索。

优点：有干劲，随时准备向传统、低效率、自满自足挑战。

缺点：好激起争端，爱冲动，易急躁。

（四）智多星

特征：有个性，思想深刻，不拘一格。

优点：才华横溢，富于想象力，有智慧，知识面广。

缺点：高高在上，不注重细节，不拘礼节。

（五）外交家

特征：性格外向，热情，好奇，交际广泛，消息灵通。

优点：有广泛联系的能力，不断探索新事物，勇于接受新挑战。

缺点：事过境迁，兴趣马上转移。

（六）监督员

特征：清醒，理智，谨慎。

优点：判断力强，分辨力强，讲求实际。

缺点：缺乏鼓动和激发他人的能力，自己也不容易被他人所鼓动和激发。

（七）凝聚者

特征：擅长人际交往，温和、敏感。

优点：有迅速适应周围环境及人的能力，能促进团队合作。

缺点：在危急时刻往往优柔寡断。

（八）完善者

特征：勤奋有序，认真，有紧迫感。

优点：理想主义者，追求完美，持之以恒。

缺点：常常拘泥于细节，容易焦虑，不洒脱。

案例分享

《西游记》中的团队角色

《西游记》中唐僧、孙悟空、猪八戒、沙僧去西天取经，是大家都耳熟能详的故事。许多人都被书中四位性格迥异、兴趣不同的人物所感染。人们不禁诧异：这 4 个在各方面差异如此之大的个体竟然能容于一个群体中，而且相处得很融洽，甚至能做出去西天取经的大事。难道这真是神灵、菩萨的旨意，而绝非凡人力所能及的吗？

请结合团队角色分类，分析《西游记》中唐僧师徒四人分别扮演的角色。

____

____

____

____

二、过程训练

团队角色自测

说明：对下列问题的回答，可能在不同程度上描绘了我们的行为。每题有 8 个选项，请将10分配给这8个选项。分配原则：最体现个体行为的选项得分最高，以此类推。最极端的情况可能是10分全部配给其中某一选项。请各位同学根据自己的实际情况将分数填入表3.1中。

1. 我认为我能为团队做出的贡献是（　　）。

A. 我能很快地发现并把握住新的机遇

B. 我能与各种类型的人合作共事

C. 我一贯爱出主意

D. 我的能力在于，一旦发现对实现集体目标有价值的人，总能及时将之招募麾下

E. 能把事情办成，主要依靠我的个人实力

F. 如果最终能导致有益的结果，我愿面对暂时的冷遇

G. 通常情况下，我能分清什么是现实的、什么是可能的

H. 在选择行动方案时，我能不带倾向性，也不带偏见地提出合理的替代方案

2. 在曾工作过的集体中，我常有的感觉或表现是（　　）。

A. 如果会议没有得到很好的组织、控制和主持，我会感到不愉快

B. 我易于对那些有高见却又没有发声管道的人表现得过于宽容

C. 只要集体讨论新观点，我总是说得太多

D. 我的客观看法，有时候不太近人情，导致我很难与同事们打成一片

E. 在事情一定要办成的情况下，有时候我会让人感觉特别强硬甚至专断

F. 可能由于过分重视集体氛围，我很难发现自己与众不同

G. 我容易陷入突发奇想中，而忘了正在进行的事情

H. 同事认为我过分注重细节，总有不必要的担心

3. 当我与同事共同完成一项工作时，（　　）。

A. 我具有在不施加任何压力的情况下影响他人的能力

B. 我随时注意防止粗心和工作中出现疏忽

C. 我愿意施加压力以换取行动，确保会议紧扣主题

D. 在提出独到见解方面，我是数一数二的

E. 对于与大家共同利益有关的积极建议，我总是乐于支持

F. 我热衷于追求新思想和新的发展理念

G. 相信我的判断能力有助于我作出正确的决策

H. 但凡基础性的工作，我都能组织得井井有条，让人十分放心

4. 我在集体工作中的特征：（　　）。

A. 我对深入了解我的同事很感兴趣

B. 我不愿挑战他人的见解或者我坚持自己的少数派意见

C. 辩论时，我通常能轻易找到论据推翻哪些论据并不充分的主张

D. 我认为，只要计划需要执行，我就有推动工作运转的能力

E. 我不在意自己太突出或出人意料

F. 对于承担的任何工作，我都竭力做到尽善尽美

G. 我乐于与工作集体以外的人进行联系

H. 我对任何观点都感兴趣，但这并不影响我做任何决定

5. 在工作中，我得到满足，是因为（　　）。

A. 我喜欢分析，权衡所有可能的选择

B. 做总比不做好

C. 没有能力的人的做法

D. 我对决策具有强烈的影响

E. 我能快速融入具有创新思维的同事中

F. 我具有带动同事全身心地投入工作的气质

G. 我感觉自身有一种魔力

H. 我对那些阻碍前进的人容易表现得不耐烦

表 3.1　团队角色测试表

题号	实干者	协调者	塑造者	智多星	外交家	监督员	凝聚者	完善者
1	G	D	F	C	A	H	B	E
2	A	B	E	G	C	D	F	H
3	H	A	C	D	F	G	E	B
4	D	H	B	E	G	C	A	F
5	B	F	D	H	E	A	C	G
6	F	C	F	A	H	E	B	D
7	L	G	A	F	D	B	H	C
总计								

各项的总分代表你所扮演的角色的分数。分数最高的项代表你扮演的角色，分数第二、第三高的项代表你的潜能。如果分数在 10 分以上有 3 项，表明这些角色你都可以扮演，这就需要根据你的兴趣和能力作出选择。如果有 1 项特别突出，超过了 18 分，表明你就属于这类角色。一般来说，5 分以下表明你不适合扮演这个角色，15 分以上证明你特别适合这个角色。

任务四　融入团队

案例分享

赵力在团队里被大家称为“冷面独行侠”。他像一扇紧闭的门，自己不怎么说话，在集体活动中也表现冷淡，自己也深感无聊。

赵力所在部门来了一位名叫陈鹏的新同事，性格开朗热情，很快就与同事们打成了一片。不久，陈鹏过生日，他邀请了很多同事，筹划了一场别开生面的生日派对。生日当天，来了很多同事，甚至有的同事还带着朋友来朝贺，现场十分热闹。于是，陈鹏又认识了很多新朋友。

还有一次，赵力和陈鹏一起参加了公司活动。当别人与赵力打招呼时，他只是点头微笑而过，偶尔与他人交换名片，表现十分矜持。而陈鹏就不一样，他非常热情，遇到陌生人主动递上名片，与人寒暄、逗趣，适时称赞女士的外表、男士的风度，很快他的周围就聚集了一大群人，大家热热闹闹地聊了起来。当一拨人散去了，他还能很快进入下一群体。当人群嘈杂时，他选择安静倾听；当人群安静时，他会幽默发问："我能认识一下诸位吗？"

散场时，陈鹏手上捧着厚厚的一沓名片。告别时，还与大家约好下次见。赵力很不解，他坦诚地问陈鹏："为什么你总能成为焦点，而我总是被冷落呢？"陈鹏十分诧异："被冷落？没有吧！你只有先重视自己，别人才会关注你。主动走到人群中，与别人说说话。不要因为对方的态度不积极就封闭自己，调整好自己的心态，努力感染别人，慢慢地你就会变得受欢迎了。"

一语惊醒梦中人。赵力马上意识到不是别人不热情，而是自己不主动。

要融入团队，你的行动应遵循以下原则。

一、低——放低姿态

无论你以前有多么值得炫耀的成绩，或者在学校多么引人注目，都要切记现在的你一无所有。要尊重团队的每一位成员，切勿对他人评头论足，重要的是自己怎么做，要深刻认识到存在的即是合理的。

二、忍——小不忍则乱大谋

面对周围人的冷言冷语甚至小动作，不公开、不回应、不传播、不介入，兢兢业业地工作，认真做好自己该做的事情，努力让自己的成绩被别人看到。任凭风浪起，稳坐钓鱼台。

三、和——与团队融合

加快融入团队的进程，迅速变成"自己人"。沟通要从心开始，要有意识地结交新朋友，争取在新团队中尽快结识一两个可以很好地交流的新朋友，通过少数人的认可逐步获得整个团队的认可。

互动小游戏

找到团队

1. 人数：30 人左右。
2. 时间：15 ~ 30 分钟。
3. 用具：3 张彩色图片，白纸若干。
4. 活动过程：

老师将3张图片分别剪成10米长的不同小图片

将30张小图片打乱并分发给每个学生

学生根据自己手中的小图片寻找团队

开始游戏，学生寻找自己的团队并拼接完成彩色图案后游戏结束

各组学生讨论并设计自己团队的队名和口号

自我测试

你的团队工作适合度

你认为自己的性格适合团体工作吗？

1. 出门买衣服，你通常会（　　）。
   A. 自己一个人去（1分）
   B. 和家长一起去（3分）
   C. 和朋友一起去（5分）
2. 朋友请你吃饭，而你正好有工作，你会（　　）。
   A. 坦诚说有工作（3分）
   B. 借口说约了父母（1分）
   C. 和朋友说有事，但承诺下次会请对方（5分）
3. 每次洗完脸后，你会（　　）。
   A. 不用毛巾擦，等水自然干掉（1分）
   B. 用护肤品保养（5分）
   C. 用毛巾擦干，但不用护肤品（3分）
4. 你希望自己的恋人在哪方面帮助你（　　）。
   A. 生活方面（3分）
   B. 工作方面（5分）
   C. 与他人相处方面（1分）
5. 考试时，你会（　　）。
   A. 检查到最后一分钟（1分）
   B. 答完就交卷（5分）
   C. 答完检查一遍就交卷（3分）

6. 你认为“临时抱佛脚”这种做法（　　）。

A. 完全没有效果（5分）

B. 至少比没有做要好（3分）

C. 是没有能力的人的做法（1分）

7. 有限定时间的作业，你通常会（　　）。

A. 提前做好（1分）

B. 到最后一天晚上突击（3分）

C. 晚交（5分）

8. 在公共汽车站有陌生人和你聊天，你会（　　）。

A. 很高兴地与他交流（5分）

B. 不理他（1分）

C. 马上跑掉（3分）

9. 你认为一个乞丐最需要（　　）。

A. 尊重（5分）

B. 金钱（3分）

C. 怜悯的胸怀（1分）

10. 你心目中最幸福的生活是（　　）。

A. 有用不完的钱（1分）

B. 有很多漂亮的异性陪在身边（3分）

C. 与一个人平淡地过一辈子（5分）

评分标准和结果分析：

（1）总分小于18分：A型

团体工作适合度：10%

你天生胆小，害怕受到伤害，又爱面子，即使跟一大群朋友一起玩，你也很被动，很在意别人的看法。

（2）19～28分：B型

团体工作适合度：30%

你是一个在生活中并不与大众同步的人，你习惯做自己喜欢的事情，不愿也不会轻易听信他人的劝告或者意见；你不愿被约束，很多时候哪怕知道自己失败的概率比成功还大，也要坚持自己的想法。

（3）29～36分：C型

团体工作适合度：50%

你是一个对生活和工作都没有多少激情的人，你认为生活是平凡的，工作或者做事也是平凡的；你无法让自己在群体中闪闪发光。对你来说，一切都是为了生活需要做的事和需要走的路。因此，你是一个不会介意与别人一起在团体中工作的人。

（4）37～41分：D型

团体工作适合度：75%

与同龄人相比，你是一个不太愿意独立完成工作或者任务的人。这与你有较强的依赖心理有很大关系。尤其是面对责任重大的工作，你比其他人都表现得更胆怯或者担心。团体工作对你来说不但是锻炼的机会，也是你适应工作环境的机会。

（5）大于 41 分：E 型

团体工作适合度：95%

恭喜你！你已经成为品位生活的人气王了！因为你是一个特别懂得人际交往的人，同时你也是一个喜欢与朋友在一起，喜欢做可以与很多人打交道的工作的人。对你来说，团体工作简直是比独立工作好上很多倍的工作。团体工作让你感到很幸福。

案例分享

蚂蚁军团

蚂蚁可以搬运相当于自身体重 100 倍的物体，能拉动相当于自身体重 1 700 倍的物体。可是没有一个人可以举起超过自身体重 3 倍的物体，所以蚂蚁是世界上当之无愧的大力士。但蚂蚁真正的力量不在于个体，而在于群体作战。在非洲草原上，如果看到羚羊在奔跑，那一定是狮子来了；如果看到狮子在躲避，那一定是像群发怒了；如果看到成百上千的狮子和大象集体逃命的壮观景象，那一定是蚂蚁军团来了。蚂蚁有很完善的社会组织，这就是团队的力量。

任务五　团队精神的内涵

一、团队精神的内涵

所谓团队精神，其实就是团队所有成员都认可的一种集体意识。团队精神是团队的灵魂。简言之，团队精神就是大局意识、服务意识、责任意识“三识”的综合体。它反映团队成员的士气，是团队所有成员价值观与理想信念的基石，是凝聚团队精神、促进团队进步的内在力量。团队精神的外在表现：①积极向上、充满活力的精神面貌；②强烈的责任心；③强烈的集体荣誉感。

团队精神并不是虚无缥缈的存在，它体现为以下五个方面：

（一）协作精神

协作精神即个人愿意与他人建立友好关系和相互协作的心理倾向。团队成员在工作中相互依靠、相互支持、密切配合，并建立起相互尊重、相互依赖的协作关系。

（二）全局观念

团队成员有一种强烈的归属感，不允许有损害团队利益的事件发生，具有团队荣誉感，自觉将个人利益与团队利益紧密联系在一起。

（三）责任意识

责任意识即团队成员尽职尽责地维护团队的成长和兴衰，忠于团队的目标和利益，恪

尽职守地完成任务并遵守团队规章制度等。

（四）互助精神

团队成员愿意将个人的信息和资源与团队其他成员共享。为了团队目标与利益，成员之间互相帮助、互相交流，没有隔阂。

（五）进取精神

团队成员为了实现团队的整体利益努力奋斗，在发展团队战略和价值实现的过程中齐心协力、努力进取，为了共同目标而不懈奋斗。

二、团队精神的作用

“一滴清水怎样才能不干涸？”释迦牟尼说：“把它放到大海里去。”一个人再完美，充其量也就是一滴水，然而一个优秀的团队可以媲美大海。没有完美的个人，但有完美的团队。

团队精神是团队的灵魂，它的积极作用表现在四个方面：①具有聚合团队成员的凝聚功能；②具有团结团队成员的亲和功能；③具有调整团队成员个体行为的协调功能；④具有激发团队成员的激励功能。

案例分享

林格尔曼效应

法国农业工程师迈克西米连·林格尔曼在著名的拔河实验中提到，当拔河的人从 1 个人逐渐增加到一群人时，集体的力量并不等于个体力量的总和：当增加到 3 个人时，力量仅仅相当于 2.5 个人的总和，也就是说，在集合的过程中损失了 0.5 个人的力量（1+1+1=2.5）；当增加到 8 个人时，集体的力量仅仅相当于 4 个人的力量之和（1+1+1+1+1+1+1+1=4）。结果表明，人数愈多，内耗愈大。8 对 8 时，每个人的平均拉力只有 1 对 1 的一半。大多数人都有与生俱来的惰性，在独立工作时，能竭尽全力，一旦进入某个集体，就会对责任进行悄然分解，让渡给其他人，这是群体工作的一个普遍特征。

【分析】林格尔曼的实验结果显然违背了加法的基本原则，个体力量在集合过程中发生了流失，而且人数越多流失越大。

从表面看，仍然是“众人拾柴火焰高”和“人多力量大”，但实际上却存在巨大的浪费和损失。林格尔曼由此得出结论：当人们参加社会集体活动时，他们的个体贡献会因人数的增加而逐渐减少，由此将之称为“社会惰性”。从此，这个实验结果就称为“林格尔曼效应”。这一效应后来也被不同的科学家反复验证过。而中国对它的发现和研究甚至更早，描述也更加惟妙惟肖，分析也更加入木三分，这就是俗语“一个和尚挑水吃，两个和尚抬水吃，三个和尚没水吃。”

为什么会产生这种现象呢？简言之，就是动力和动机的问题，或者是责任感的问题。当一个人拔河时，他必定会竭尽全力（假设这是一个有益于拔河者的行为，或者是他期望完成的任务），因为别无依赖，出力与否一目了然，责任明确，无可推卸。当人数逐渐增加时，人的心理活动就会发生变化：有人觉得别人在偷懒，自己偷点懒也问心无愧、无可指责；也有人认为，这么多人都在努力，自己稍微松懈一点，应该不会影响大局。岂料这是一种相当普遍的心理，结果就是大局受到了影响。因此，团队精神的培育非常重要。只有当团队的所有成员都发挥出自己最大的力量、都具有向目标进发的团队精神时，才可能打造出一支高效的团队。

 任务六　团队拓展实训

案例分享

7 个和尚分粥

曾经，有 7 个和尚住在一起，每天分食一大碗粥。要命的是，粥每天都是不够的。一开始，他们通过抓阄决定谁主持分粥，每天轮流。采取这种方式，每周他们只有一天是饱的，就是自己分粥的那天。后来，他们决定推选一位道德高尚的人主持分粥。众所周知，有权力就会产生腐败，大家开始挖空心思去讨好他、贿赂他，以致整个小团体一片乌烟瘴气。

后来，大家又组成三人的分粥委员会及四人的评选委员会，互相攻击、扯皮下来，粥吃到嘴里全是凉的。

直至现在，7 个和尚还在为吃粥一事头疼不已，同学们有什么好办法吗？

分组讨论：

（1）你有何妙计能让 7 个和尚都满意，从此不再争吵？

____

____

____

____

____

（2）这个案例对我们的日常学习和生活有什么启示？

____

____

____

____

____

一、连点游戏

每人选择一位同伴组成小组，每个小组分得一张带有许多黑点的图片，如图 3.3 所示。

图 3.3　连点游戏示意图

任务：首先，每个小组中第一位成员将两个横向或者竖向的黑点相连。小组第二位成员依样连点，但必须接着前一位成员连线的任意一段。然后，依此类推。

注意：游戏过程中，整个线条的首尾不能相连。游戏时间限定 2 分钟。当所有人完成游戏后，分析他们的成果，找出小组中连点最多的成员。

二、解手链游戏

游戏规则：

①每 8 ~ 10 人为一组，每一小组人数必须为偶数。每个小组的组员围成一圈。

②每一组员都应听从老师的指示：先举起你的左（右）手交叉放在胸前，同时握住相邻人的右（左）手。

③在组员都不松手的情况下，将这张“人网”张开，形成一个组员之间手拉手的圆（向心圆）。

④以解开时间的长短及是否正确为判断输赢的标准。

三、运输带（无敌风火轮）

（一）道具准备

废报纸若干、胶带若干、剪刀 2 把。

（二）游戏目标

每个小组利用提供的道具材料将报纸围成一个可以行进的履带式的环，要求各组所有成员按规定走完全程，以最快到达终点的小组为优胜。

（三）注意事项

①各组组员都在风火轮内站好，听从老师口令统一出发。

②行进途中，风火轮必须垂直于地面，不得剪裁、折叠所提供的废报纸，废报纸必须

紧密相连。

③所有组员必须在风火轮内，身体的任何部分都不得直接接触地面。

④行进过程中，若风火轮断裂必须在原地修复，经老师许可后方能继续行进。此时队员可以接触地面，但不能阻挡其他小组行进的路线，否则将被取消资格。

⑤出发前，所有风火轮都不得超过起点线，以风火轮全部通过终点线为项目的截止时间。

⑥服从老师指挥。

四、十人九足

游戏规则：将参赛选手分为若干组，每组人数相等，最好能保持每组男女人数平均，排成一横排，相邻的人把腿系在一起，一起跑向终点，用时最短的胜出。经抽签决定各组上场顺序。

课堂作业

1. 请列出你所在团队的成员构成特点和角色定位，并阐述你在该团队中扮演的角色及其重要性。

2. 通过对团队知识的学习，你认为自己在以后的学习、生活中将会为你所在的团队带来哪些好处？

模块四

人际关系

模块导读

社会学将人际关系定义为人们在生产或生活过程中所建立的一种社会关系。心理学将人际关系定义为人与人在交往过程中建立起来的、直接的、心理上的联系。而中文语境下人际关系常指人与人交往关系的总称，也称为“人际交往”，包括亲属关系、朋友关系、学友(同学)关系、师生关系、雇佣关系、战友关系、同事及领导与被领导关系等。人是社会动物，每一个体都有各自独特的思想、背景、态度、个性、行为模式及价值观。然而，人际关系对每个人的情绪、生活、工作都有很大影响，甚至对组织气氛、组织沟通、组织运作、组织效率及个人与组织的关系均有极大的影响。

学习目标

1. 掌握人际交往的概述。
2. 掌握良好人际交往的要素。
3. 了解人际交往的误区。
4. 掌握大学生人际交往的技巧。

任务一　人际交往的概述

人际交往的心理因素包括认知、动机、情感、态度与行为等。认知是个体对人际关系的知觉状态，是人际关系的前提。人与人的交往首先是从感知、识别、理解开始的，彼此之间不相识、不相知，就不可能建立人际关系。认知包括个体对自己与他人、他人与自己关系的了解与把握，它使个体能够在交往中更好地、有针对性地调节与他人的关系；动机在人际关系中具有引导、指向和强化功能。人与人的交往总是缘于某种需要、愿望或者诱因；情感是人际关系的重要调节因素，人们在交往过程中，总是伴随着一定的情感体验，例如满意与不满意、喜爱与厌恶等，人们正是根据自身情感体验不断地调整人际关系。

一、人际交往与人际关系的定义

人际交往也称人际沟通，是指个体通过一定的语言、文字或肢体动作、表情等表达手段将某种信息传递给其他个体的过程，即人们运用语言或非语言符号交换意见、传达思想、表达情感和需要的过程。人际交往包括物质层面和精神层面的交往。通常情况下，人际交往依赖于以下条件：

①传送者和接受者双方对交往信息的一致理解。

②交往过程中有及时的信息反馈。

③适当的传播通道或传播网络。

④一定的交往技能和交往愿望。

⑤双方时刻保持尊重。

人们彼此之间相互影响而形成心理的和社会的联系就是人际关系。

二、人际交往的重要意义

案例分享

一个人究竟能单独待多久？

1959年，心理学家沙赫特通过一项实验回答了这个问题。他设计了一个封闭的房间，房间里除了有一桌、一椅、一床、一马桶、一灯外，再无其他物品。三餐有人送，但不得与屋里的人接触。报酬非常丰厚，而且待的时间越长报酬越高。共有5名大学生参加了这一实验，经测试，最短的待了2小时，最长的待了8天。

在衣食无忧而且酬劳可观的情况下，大学生为什么要放弃实验呢？　一个人独自待在封闭空间里会如此令人难受吗？

案例分享

人生的美好在于与人相处

1996年7月29日，40岁的意大利探险家蒙塔尔只身进入一个2 000多米深的地下溶洞，他要进行一项与世隔绝的独居生活实验。一年后，蒙塔尔重返地面，这时他的体重减轻了21千克，脸色苍白如纸，免疫功能降至最低点，且情绪十分低落，不善与人交谈。面对记者，他说出走出洞口的第一句话："这项实验让我明白了一个人生奥秘——生活的美好在于与人相处！"让我们永远记住这个来自生命深处最真实的呼唤，珍惜人与人之间的相处，并在相处中最大限度地享受生活的美好和人生的快乐。

思考：人际交往会从哪些方面对人们产生影响？

____

____

____

____

生活在社会中的人具有很强的与人交往的需要。当一个人处于孤独环境时，短期内并无大碍，但时间一长，就变得难以忍受了。人际交往的意义与重要性体现为三个方面：

1. 与人交往是一个人的个性（人格）形成与发展的必要条件

婴儿出生时，虽然对外界了解甚少，但已经表现出对孤独的恐惧。当他（她）自己独处时，就很容易哭。 而在母亲或他人的陪伴下，便安静许多。在不断地与人交往中，婴儿学会了识别他人表情，同时还可以体会到各种情绪（如高兴、害怕等），甚至还掌握了与他人交往的部分方式。例如，别人朝他（她）笑时，他（她）也能够以笑相迎。基于这种交往，随着年龄的增加，慢慢地形成了与人相处的方式，久而久之便形成了自己独特的性格以及对外界的看法。当然，如果没有与他人交往，所有这些都将不复存在，或者产生畸变，因为无法适应社会生活和社会发展而被社会所淘汰。"狼孩"在小时候只能与狼为伴，缺乏与人的正常交往。因此，一旦他们回归人类社会，便无法适应人类社会生活。他们不会人类的语言，只会像狼一样嚎叫；习惯吃生食，身体还可能长满长毛等。更重要的是，他们根本无法与人类沟通，更无法适应人类社会生活。回归人类社会后，他们经过训练能够掌握一定的生活技能，但十多岁"狼孩"的智力水平仅相当于三四岁儿童的智力，而且寿命非常短。主要原因在于他们在儿童时期脱离了社会，尚未得到正常训练。由此可见，适应社会、与人交往的重要性，可以通过"狼孩"的故事得到一些启示！

2. 人生活在社会中，还要求自身发展，获得外界信息是自身发展的重要环节

如何才能快速、准确地获取信息呢？有人认为，通过一些现代化的通信手段就可以达到目的，例如报纸、广播电视、互联网等。但是，这些现代化的通信手段仅仅是交往的间接形式。日常生活中，如果我们迷了路，又没有现代工具可用，该怎么办呢？显然，找人问路是最简便的方法。此外，生活中我们还能发现，同样的事情，有的人办起来得心应手，有的人却困难重重。经分析，这种差异往往不是智力上的差异，而是人与人交往中的技巧问题。显然，办事顺利不仅提高了效率，而且增强了自信心，从而为将来的进一步发展奠定了基础。

3. 顺利地与人交往有利于心理健康

评价一个人的心理是否健康，很重要的一个标志就是“是否能够建立并保持良好的人际关系，乐于与人交往”。正常的、和谐的人际交往对人的心理具有保健功能，具体表现如下：

（1）有利于人们心理相容，保持愉快的情绪状态

心理失常的人很难与别人建立起良好的人际关系，通常会产生退缩、回避、疑虑、畏惧，甚至敌视、厌世等情绪。正常的人际关系可以有效地避免上述不良情绪，剔除消极的心理因素，防止心理疾病的产生。

（2）提高个体行为的有效性

有效的个体行为不仅可以丰富个人生活，缓解紧张或者孤独情绪，通过别人的认可获得一定的社会地位，而且可以增强自信心，体会到愉悦心情。

三、人际交往的距离

（一）亲密距离（0.15 ~ 0.45 米）

一般是亲人、熟识的朋友、情侣或夫妻才会出现这种情况。当其他人闯入这一范围时，很可能会令人不安。例如，在拥挤的公共汽车、地铁或电梯内，由于人员拥挤，亲密距离常常遭到侵犯。于是，人们尽可能在心理上保护自己的空间距离。在西方，当你在电梯或者公共交通工具内遭遇拥挤局面时，有些惯例是必须遵循的，例如你不能与任何人说话，即使是认识的人；你的眼神必须始终避免同他人眼神相接触；面部不能有任何表情；越拥挤，你的身体越不能随意动弹；在电梯内，你必须注视楼层数，等等。

（二）个人距离（0.45 ~ 1.22 米）

个人距离是进行非正式的个人交谈时应经常保持的适宜距离。与人交谈时，不可站得太近，一般保持 0.5 米以外为宜。

（三）社交距离（1.22 ~ 3.65 米）

社交距离相当于隔一张办公桌的距离。一般工作场合，人们经常采用这种距离交谈；在小型招待会上，与没有过多交往的人打招呼也可采用此距离。

（四）公共距离（3.65 ~ 7.62 米）

公共距离一般适用于演讲者与听众、彼此之间并不熟悉的交谈及非正式场合的谈话。在商务活动中，根据活动的对象和目的，选择和保持适当的距离是极其重要的。

四、人际交往中的技巧

统计资料表明：良好的人际关系，可使工作成功率与个人幸福达成率达到 85% 以上；一个人获得成功的因素，85% 取决于人际关系，而知识、技术、经验等因素仅占 15%；某地被解雇的 4 000 人中，人际关系欠佳者占 90%，不称职者占 10%；大学毕业生中人际关系良好者平均年薪比优等生高 15%，比普通生高 33%。为什么有的人可以广结天下好友，有的人却只能孤单度日？不难理解，人际交往技巧在其中扮演着十分重要的角色。那么，我们应当学会哪些人际交往技巧呢？

①记住他人的姓或名，主动与人打招呼，称呼得当，给人留下礼貌、尊重、平易近人的良好印象。每个人都有被人熟知的欲望，潜意识里都渴望过上名人般的生活，记住他人

的姓名在一定程度上可以拉近彼此的距离，让人倍感亲切。

②举止大方、坦然自若，让人感到轻松、自在，激发交往动机。没有人愿意与扭扭捏捏、惺惺作态的人交往，古语云：“君子坦荡荡，小人长戚戚。”一个人的内在素养如何，从其举止便可识其一二。神态自然、举手投足给人轻松愉悦感的人，他人自然愿意与之亲近，话题自然源源不断。

③开朗、活泼的个性，也会让对方感到与你在一起是愉快的。聚会中，表现开朗、活泼、热情，仿佛有着源源不断精力的人总是引人注目的。风趣幽默、不失分寸的话语会使整个聚会充满欢声笑语，也会给人留下比较深刻的印象。

④培养风趣幽默的言行。幽默而不失分寸，风趣而不显轻浮，给人以惬意的享受。与人交往要谦虚，待人要和气，懂得尊重他人，否则事与愿违。胜不骄、败不馁，心浮气躁的人总会将内心的一切表现在脸上，这是毫无气度的表现。不以身份看人，对人皆报以尊重的态度。古语云“己所不欲，勿施于人。”因此，要想得到他人的尊重，首先要学会尊重他人。

⑤做到心平气和、不乱发牢骚。这样的你，不仅自己快乐、涵养高，还会让他人心情愉悦。心情欠佳时，切勿抓到一个人就如救命稻草般抱怨不停。每个人都有自己的生活，也许碍于面子，他人不得不陪你聊天，久而久之，大家可能都会对你避而远之。

⑥注意发挥语言的魅力。安慰受创伤的人，鼓励失败的人，恭维真正取得成就的人，帮助有困难的人，即“说恭维话，指光明路。”这不是阿谀奉承，适度的赞美犹如雪中送炭，会给失去信心的人带去一缕阳光，让他重拾信心，继续努力直至成功。有时，一句鼓励的话足以改变人的一生。

⑦处事果断、富有主见、精神饱满、充满自信的人容易激发他人的交往动机，取得他人的信任，产生让人乐意交往的魅力。有主见的人易于赢得他人的赞誉和关键时刻的依赖；果断是一个人不可多得的美好品质，优柔寡断者往往表现怯懦，容易让人失去信心，致使好机会擦身而过。

⑧保持心理上的安全距离。心理学家认为，人之所以能从世间万物中感受到和谐之美，根本原因在于彼此之间能够保持适当的距离。每个人都有不为人知的一面，无论关系多么密切，边界感始终存在。无论谁逾越了边界，都会变得十分恼怒，相互之间的关系也会急速冷却，所以保持心理上的距离是维系关系稳定的不二法宝。

⑨做一名高明的进谏者。进谏历来为人们所提倡，愿意指出他人的缺点与不足往往表明了你对他的关心，但是在工作中进谏往往不被人接受。那么，进谏如何做到恰到好处，又得到重视，就是一门值得深究的学问了。不喜欢被反驳的领导不等于不能接受反驳，而是要讲究进谏的方式方法，方能深得其心。

⑩小不忍则乱大谋。众所周知，盛怒之下容易肇事生祸端。所以，人们应当有意识地控制自己的行为习惯，控制不良情绪对自身的影响。说话前务必深思熟虑，相信会减少很多恶劣事件的发生。

任务二　良好人际交往的要素

一、尊重

案例分享

尊重的魅力

有一位业务员曾分享过这样一个案例。他的工作是为强生公司拉主顾，主顾中有一家是药品杂货店。每次拜访这家店，他总要先跟柜台的营业员寒暄几句，然后再去见店主。有一天，他又去拜访这家店，店主突然告诉他今后不用再来了，他不想再买强生公司的产品。因为强生公司的许多活动都是针对食品市场和廉价商店设计的，对小药品杂货店没啥好处。业务员只好离开这家店，他开着车在镇上转了很久，最后决定返回店里，把情况了解清楚。

走进店里，他照常和柜台的营业员先打招呼，然后再去见店主。店主看到他很高兴，不仅笑着欢迎他回来，并且比平常多订了一倍的货。业务员十分惊讶，不明白自己离开店后发生了什么事。店主指着柜台上一名卖饮料的男孩说："在你离开店铺以后，卖饮料的男孩走过来告诉我，你是到店推销人员中唯一会与他打招呼的人。他告诉我，如果有人值得我与他做生意的话，那个人就应该是你。"从此，店主成了这位推销员最好的主顾。这位推销员说："我永远不会忘记，关心、尊重每一个人是我们必须具备的特质。"

【分析】尊重是人际交往的基础和核心，是打开人际交往大门的金钥匙。尊重是一个人的基本素质，也是一种品格，更是一种修养。尊重是向他人传递善意的信息，以便他人能够保护自己的隐私，从而更好地与人融洽相处，而非互相戳伤。一个不懂得尊重他人的人，同样也不会受到他人的尊重。尊重他人是一种文明的社交方式，是顺利开展工作、建立良好社交关系的基石。尊重他人，生活就会多一份和谐，多一份快乐。

二、真诚

真诚是进行人际交往的首要步骤。在人际交往中，一颗真诚的心是不可或缺的。融洽的人际关系，需要有一定的技巧性，但真诚是最重要的。没有真诚作基础，一切技巧都将成为大家所反感的虚伪，最终只会适得其反。因此，人与人相处，彼此信任的不二法门唯有真诚，那是快乐生活、工作成功的源头。没有真诚打下基础的人际关系，注定是不会长久的。

三、宽容

案例分享

国王选接班人的故事

很久以前，有一位国王，他有三个儿子。国王已经年迈，他决定将王位传给其中的一个儿子。有一天，国王把三个儿子叫到跟前，说："我老了，决定把王位传给你们三兄弟

中的一个，但你们三个都要到外面去游历一年。一年后回来告诉我，你们在这一年内所做过的最高尚的事情。只有那个真正做过高尚事情的人，才能继承我的王位。”

一年后，三个儿子都回到了国王跟前，告诉国王自己这一年来在外面的收获。

首先，大儿子说：“我在游历期间，曾经遇到一个陌生人，他十分信任我，托我把他的一袋金币交给他住在另一个镇上的儿子，当我游历到那个镇上时，我把金币原封不动地交给了他的儿子。”国王说：“你做得很对，但诚实是你做人应有的品德，这件事不能称为是你做的高尚的事情。”

接着，二儿子说：“我旅行到一个村庄，刚好碰上一伙强盗打劫，我冲上去帮村民们赶走了强盗，保护了他们的财产。”国王说：“你做得很好，但救人是你的责任，这件事也称不上是你做的高尚的事情。”

最后，三儿子说：“我有一个仇人，他千方百计地想陷害我，有好几次，我差点就死在他的手上。在旅途中的一个夜晚，我独自骑马走在悬崖边，发现我的仇人正睡在一棵大树下，我只要轻轻地一推，他就会掉下悬崖摔死。但我没有这样做，而是叫醒他，告诉他睡在这里很危险，并劝他继续赶路。后来，当我下马准备过河时，一只老虎突然从旁边树林里蹿出来，扑向我。正当我绝望时，仇人从后面赶来，他一刀就结果了老虎的性命。我问他为什么要救我的命，他说：‘是你救我在先，你的仁爱化解了我的仇恨……’这实在算不上做了什么大事。”

“不，孩子，能帮助自己的仇人，是一件高尚而神圣的事情。”国王严肃地说：“来，孩子，你做了一件高尚的事，从今天起，我就把王位传给你。”

【分析】这个故事告诉我们：要懂得用宽容的心、用爱，去看待仇视自己的人，用爱去化解仇恨，这样的人才是高尚的人，才是一个仁义的人。

宽容是人际交往的润滑剂，它能带来仁义，博得赞美。懂得宽容才不会对自私、伤害感到失望，才会用宽宏的气量去感受“相逢一笑泯恩仇”的快乐。法国著名文学家维克多·雨果曾说过：“世界上最宽阔的是海洋，比海洋更宽阔的是天空，比天空更宽阔的是人的胸怀。”宽容是一种美德，也是人际交往的法宝，它能化敌为友、催人自新。

四、理解

理解是人际交往的重要原则。每个人都想有被他人理解的迫切需要，但在大多时候，我们要么不关心，要么就不愿意花精力去了解他人真实的感受。如果我们能学会理解并体谅他们，才能了解他们内心最真实的想法，才能让人际交往向好的方向发展。

五、信任

信任是人际交往中的重要一环。被他人信任是每个人的心之向往，然而，当我们试着去信任他人时，往往却难以做到。尤其在当今社会，利益至上的价值观深深地影响着普罗大众，使人们遭遇到空前的信任危机。古语云：“人无信则无以立。”一段充斥着不信任的交往是不幸的，它阻碍了人与人交往的真诚。人际交往是否和谐在于信任，而对朋友的信任不仅是一种尊重、一种风度、一种品格的肯定，更是对自己充满自信的表现。

任务三　人际交往的误区

对于怎样建立良好的人际关系，不少人感到十分迷茫，他们往往抱怨自己运气不好，怨天尤人。认为自己圈子里的好人太少，无法进行满意的交往。实际上，这是因为他们对交往活动的认识存在误区，具体表现如下：

一、迷惘的“自我”

案例分享

一位大学二年级的女生，聪明漂亮，能力过人，还有一副动人的歌喉，一年级刚入学时，老师便指定她任临时班长。一个月后，班干部改选，她被选为文娱委员。一方面，大家觉得她担任文娱委员可以更好地发挥特长；另一方面，男同学不愿意智力和能力都不如自己的女生任班长。可是这位女生怎么也接受不了，一气之下她便辞去了文娱委员的职务。指导老师和同学们都劝她利用自己的特长为班集体服务，但她一意孤行，认为只有这样做才能维护自尊。为了这种所谓的自尊，从此以后她就很少参加集体活动，总是游离在班集体之外。

【分析】这个案例反映了人际交往中的一种典型问题，即在交往中如何正确定位。简言之，这类同学仿佛迷失了“自我”，找不准自己的角色位置。

（一）自卑

在交往中，自卑表现为内心脆弱、缺乏自信，不敢主动与人交往，害怕失败，害怕别人看不起自己，自卑者的浅层感受是他人看不起自己，深层体验是自己看不起自己。自卑者的情形有两种。第一种，有些人因为自己有某种缺点，如个子矮、容貌丑陋或其他生理缺陷，过于注重自己的形象，总觉得自己长得难看。这种消极的自我暗示，使他们非常在意别人的看法，对别人的目光、表情、手势都十分敏感，甚至拒绝与他人交往。另一种则并非能力低下，而是因为凡事期望太高，不切实际。在交往中总想把自己塑造得理想完美，特别怕出丑受挫或被人拒绝、耻笑。自卑者常常觉得自己不得志、不如别人，不愿意与人交往，特别不愿意与比自己强的人交往，甚至发展到自我封闭，完全阻隔个人与社会的正常交往，冷漠狭隘，人格扭曲，最后导致心理变态。

案例分享林同学，女，20 岁，某高校通信工程专业二年级学生。人小体弱，情绪消沉，说话低声细语，羞怯而不自然。她自称经常无法入睡，睡眠质量很差，无法坚持学习，心情很糟糕。经仔细询问深谈，才了解到她与同学关系不和，致使自己孤独苦闷。

林同学来自河南省一个偏僻乡村，父母均是农民，母亲积劳成疾，患有多种慢性病，家庭比较贫困，姐弟二人。她性格内向，不善言语，喜欢独来独往，很少与人交往。但她从小很节俭，从不与同学攀比，学习刻苦，成绩优异。但是，上大学后，她发现以前的生活方式完全不适应大学生活。她想融入班集体中，却不知该如何与人交往，怎样处理舍友之间、班上同学之间的人际关系，这使她伤透了脑筋。一年多来，她和班上同学相处很不融洽，跟舍友曾经发生过几次不小的冲突，关系相当紧张。她经常独来独往，基本上不和班上同学交流，集体活动也很少参加，与同学的情感淡漠。她觉得自己没有一个能相互了解、谈得来的知心朋友，常常感到特别的孤独和自卑，长期的苦恼和焦虑使她患上了神经衰弱症。经常性的失眠和头痛使她精神疲惫，体质下降。她本想通过埋头苦学的方式来减轻痛苦。然而，事与愿违，由于学习精力很难集中，学习效果自然很差，她的学习成绩急剧下降，后来竟然出现考试不及格的现象。她感到十分恐慌，甚至失去了坚持学习的信心。这种心理使她逐渐对大学生活失去了兴趣，困在自己编织的网中，一度出现自暴自弃的现象。

（二）自恋

自恋的人最典型的表现是自高自大，浮夸自己的才能，希望得到他人的关注。由于对自己过高估计，因而常常看不起他人，在他人眼中，显得孤傲和清高。在与人交往中，他们往往轻狂傲慢、自吹自擂，对他人的态度居高临下，缺乏尊重。这类人只关心自己的需要，不相信别人，与人交谈时，不关注对方的反应，不关心对方的感受，也不考虑对方的需要。自恋的人大多数表现为自我重视、夸大、缺乏同情心、对他人的评价过分敏感。当他们受到批评时，通常的反应是愤怒、羞愧或者感到耻辱，因此一听到他人的赞美之词，就沾沾自喜；反之，就暴跳如雷。他们有很强烈的嫉妒心，对他人的才智极其嫉妒，有一种“我不好也不让你好”的阴暗心理。他们渴望持久地关注与赞美，认为自己应当享有别人不能拥有的特权。由于自恋者很少能设身处地地理解和关心他人的情感和需要，缺乏同情心，所以人际关系很糟糕，容易产生孤独抑郁的心情。由于他们对自己设定了不切实际的高目标和高期望，因此经常会在各种事情上遭遇失败。

（三）以自我为中心

交往是人与人之间的活动，它必然是在对双方都有利的条件下进行，交往双方的友谊才可能持久和稳固，不可能只有自己获得好处，而不考虑对方的利益。不少大学生与他人发生冲突，总是习惯性埋怨对方，而真实原因是：以自我为中心的思维方式、理解、接受和尊重，却忽视了对等性理解和尊重。以自我为中心的交往主要表现为：强调他人对自己应该承认、理解、接受和尊重，却忽视了对等的理解和尊重他人；注重交往中自己目的的实现，倾向于满足追求目的的实现，却忽视了他人的利益和要求。这种以自我为中心的交往方式在大学生中是比较普遍的。年轻人自我意识的觉醒，使他们具有很强的自主判断、自主评价的倾向，并且也有很强的自我为中心，这就造成大学生容易指责他人、抨击社会，同时易于以主观印象去判断他人，给自己的交往活动带来困难，甚至使自己无法摆脱交往中的困境，最终导致变态型人格。

二、对“他人”的认知障碍

客观地认识交往对象，是交往正常发展的必然因素。在交往中，对方的外貌特征、个性特点、兴趣爱好、思想品质、能力倾向等都会影响双方的交往。此外，真正地了解对方，还包括对对方的文化修养、发展背景等的把握，甚至彼此双方的评价、喜爱程度、交往在对方心目中的地位等，都对交往影响巨大。

然而，经分析，在一个实际的交往过程中，影响双方彼此了解的因素相当复杂，从而使交往双方对对方的了解产生了许多困难。要全面、深刻地获得交往双方对彼此的认识，并非一朝一夕就能达成。并且还要受个人能力、周围环境和历史背景的限制。因此，我们在认识他人时经常会发生偏差，甚至产生深刻的误解，交往活动因此也经常受阻。这就要求我们在对他人的认知过程中，必须了解什么样的因素会影响我们深刻地认识交往对象。

（一）首因效应

关于首因效应，心理学家做过一个实验：准备两段文字，一段描绘吉姆性格外向、开朗活泼、勇敢好斗；一段描绘吉姆性格内向、封闭沉静、与世无争。接着，让两个测试组分别阅读两种材料，第一组把吉姆外向的描写放在前面，第二组把对吉姆内向的描写放在前面。结果表明：第一组有 70% 的人认为吉姆是外向的，第二组有 18% 的人认为吉姆是外向的。这就是“首因效应”。

第一次交往在人际关系中非常重要。第一印象好，在以后的交往中就会习惯从积极方面去理解和观察对方；反之，第一印象不好，就会产生偏见，习惯从消极方面看待对方。这一效应告诉我们：初次交往除了要尽可能给对方留下好的印象外，同时还要提高自己的认知能力，尽可能地准确判断对方。最重要的是，了解他人时应尽可能地克服“首因效应”的消极影响，客观公正地评价他人。

（二）晕轮效应

晕轮效应是指对某人的整体印象直接影响对其具体特征的认识、评价的一种心理现象。在人际交往中，它经常影响着我们对他人的感受和判断。当我们发现某人某方面的优点时，就很容易放大觉得他各方面都很突出，处处显得可爱，这就是积极的晕轮效应。反之，当我们发现某人的个别缺点时，又很容易将其批得一无是处，这就是消极的晕轮效应。晕轮效应最大的问题在于以偏概全，以个别特征代替整体特征，显然，这很不利于客观地认识他人。受晕轮效应的影响，甚至会主观地歪曲一个人的形象，对交往对象作出不正确的评价，危及正常的人际交往活动。

案例分享

一个樵夫丢了斧子，他怀疑是邻居偷的。于是，他偷偷观察邻居的一举一动，怎么看都像偷斧子的人。后来，他上山打柴时找到了丢失的斧子，回家后再看到邻居，怎么看都不像偷斧子的人。

（三）刻板效应

回看 20 世纪 70 年代的电影，当一个留着长发、蓄着胡子、戴着墨镜的人一出现，你就会认为这不是一个好人，肯定是一个坏蛋。在日常生活中，当一个仪表堂堂、风度潇洒的人涉嫌盗窃或抢劫时，你会感到很吃惊，或者一个你认为十分老实的人突然干了坏事，进了监狱，你往往会难以接受这一现实。喜欢吃水果的朋友，可能偏爱买黄皮橘子而不乐意买青皮橘子，尽管这两种橘子一样甜、一样好吃。因为在他们的印象中，青皮橘子是未成熟的、酸的橘子。

最早研究这一现象的心理学家是吉尔巴特。他发现当时的大学生对英国人的普遍印象是绅士风度、聪明、因循守旧、爱传统和保守；对黑人的看法是爱好音乐、无忧无虑、迷

信、无知、懒惰；对日本人的看法是聪明、勤劳、有进取心、机灵、狡猾。

人际认知时，人们并不是把认知对象作为一个个体去认识，而是将其当作某一类人中的一员，认为他肯定具有这一类人的共同特点。这种笼统地将某些典型特点归属某人的现象即为“刻板印象”。“刻板印象”定型后，人们就会按照某种典型特点对交往对象进行分类，然后将这一类型的人的所有特点都归属其身，并形成对其“刻板印象”的看法。事实上，某一类型的人所具有的特点，并不一定会在该类型所有人的身上出现，对某人的“刻板印象”并不一定与事实相符。因此，“刻板印象”往往相当顽固，通常会使我们忽视了交往对象的实际表现从而造成偏见、成见，影响交往的顺利进行。

（四）从众效应

从众效应是指在群体作用下，个人调整与改变自己以求与他人保持一致。从众心理在交往中非常普遍，当我们处于一个群体时，很容易受大多数人的意见的影响，如果多数人认为某人是一个好人，我们就会比较放心地与之交往。由此可见，从众心理的实质是群体效应，是个体以群体评价代替自己的评价，并以此改变自己的观念。从众效应在交往中具有积极作用，例如将一后进学生放进一个先进群体内，在大家的影响下，后进生就很可能向先进学生的行列迈进。同时，从众效应也有消极作用，因为群体对个体的评价有时并非以一种客观、公正的标准和手段进行。社会学研究成果发现，将自己放入群体中进行比较时，最常见的一种心理就是“我不愿意与其他人迥然不同”，于是，一种群体性的偏差油然而生，交往问题也随之而来。

（五）定势效应

定势效应是指以对人的一般印象去代替他目前的现实。在人际交往中，我们常常会形成对人的各种印象，这种印象逐渐固化为一种恒定不变的观念时，就产生了定势。定势很难改变，在人际交往中，若以定势去判断他人就很容易出现误差，一时的印象不足以代表他人的真实。定势让我们认为印象中的“好人”完美无瑕，认为印象中的“坏人”一无是处。这种思维容易导致我们对他人的判断出现错误，这种错误甚至会引起我们在人际交往中出现重大失误。

案例分享

有这样一个问题：一位公安局局长在路边同一位老人谈话，这时跑来一位小孩，着急地对公安局局长说：“你爸爸和我爸爸吵起来了。”老人问：“这孩子是你什么人？”公安局局长说：“是我儿子。”请回答：这两个吵架的人和公安局局长是什么关系？这一问题，在100名被试者中只有2人答对。后来，这个问题还向一个三口之家提问过，父母没答对，孩子却很快回答道：“局长是女的，吵架的一个是局长的丈夫，即孩子的爸爸；另一个是局长的爸爸，即孩子的外公。”

【分析】为什么成年人对这个简单问题的解答反而不如孩子呢？这就是定势效应。按照成年人的经验，公安局局长理应是男的，从男局长这个心理定势去推理，当然找不到答案；而小孩却没有这方面的经验，也就没有心理定势的限制，因此能快速得出正确答案。

（六）投射效应

所谓投射作用是指在认知过程中，人们预先假定对方与自己有相同之处，从而把自己的特征归结于他人身上的心理倾向。心理学实验证明，当人们被要求估计一个陌生人的思想、品质或某些特征时，最可能的估计就是与自己一样，由己推人、由内及外，把自己的特征强加于他人身上。

案例分享

宋代著名学者苏东坡和佛印和尚是好朋友，一天，苏东坡去拜访佛印，与佛印相对而坐，苏东坡对佛印开玩笑说："我看见你是一堆狗屎。"而佛印则微笑着说："我看你是一尊金佛。"苏东坡觉得自己占了便宜，很是得意。回家以后，苏东坡得意地向妹妹提起这件事，苏小妹说："哥哥你错了。佛家说'佛心自现'，你看别人是什么，就表示你看自己是什么。"

心理学研究发现，人们在日常生活中往往把自己的心理特征，例如个性、情绪、观念、好恶，"投射"到他人身上，认为他人也具有和自己相同的心理特征，这就是心理学上的"投射效应"。

任务四　大学生人际交往

一、大学生人际交往概述

大学生的人际交往有广义和狭义之分，广义的人际交往是指大学生和与之有关的一切人的相互作用的过程。狭义的人际交往是指大学生在校期间和周围与之有关的个体或群体的相处及交往，其中最主要的是师生交往和同学交往。同室交往是大学生的一种特殊的人际交往。

影响大学生人际交往的因素包括：环境因素，例如校园、集体、家庭、地区、社会等；心理因素，例如认知、情感、人格等；其他因素，例如空间与时间、外表与特长等。

常见的大学生交往障碍包括：缺少知心朋友；与个别人难以相交；感到交往有困难；社交恐惧症；不想交往。常见的交往障碍有孤独心理、嫉妒心理、自卑心理、羞怯心理、猜疑心理等。

大学生人际交往的特点表现在以下八个方面：

（一）交往愿望强烈

当代大学生独特的生活环境和思想氛围，决定了其人际交往较中学时代具有更大的广泛性、互动性和多样性，大学生人际交往的愿望比中小学生更为迫切，他们希望通过交往去开阔视野、丰富知识、学会处世，得以表现自己独特的才能，获得稳定的情绪，保持足够的自尊心和自信心。大学生思想活跃、精力充沛、兴趣广泛，与人交往讲究情投意合、融洽相处。大学生人际交往的愿望随着年龄的增加逐渐减少，一方面与高年级学习任务加

重、与工作联系更加紧密有关；另一方面，大学生的兴趣、人格逐渐趋于成熟，表现为多元化向一元化发展。

（二）人际交往的社会性强烈

大学生人际关系的社会性表现非常突出。“初生牛犊不怕虎。”大学生是充满干劲和活力的一代，他们参与社会交往，不仅可以增长见识，还可以增加社会财富。在中学阶段，学生的注意力都集中在学习上，没有时间和精力进行更多的人际交往；进入大学后，他们走出家门，认识、结交更多的朋友，交流更多的信息，接受更多的新思想。大学生与社会的接触比中学时更加频繁与密切，人际交往呈现前所未有的开放式交往趋势。大学生有一个共同目标，即学好高校课程，提高自身素质，争做全面发展的社会主义接班人。因此，大学生之间的人际交往必须符合这个共同目标，道德规范的调节作用就显得特别有力。

（三）存在一些团体或组织

社团已成为大学生交往的重要校园场所。毫不夸张地说，没有参加过社团就等于没有上过大学。形成这些团体或组织的主要原因有相似性吸引、接近性吸引和补偿性吸引。这些群体多数是起积极作用的，同学之间的情谊能用道德标准要求，有共同的兴趣和爱好，大家互相关心、互相帮助、共同进步；也有起消极作用的团体，交往活动常常以玩耍、娱乐、吃喝为主，学习上、思想上不能互相帮助，不能用集体的道德标准和生活规范来约束团体成员的行为。

（四）交往注重自立，不依赖家庭

大学生的独立意识普遍增强，不仅理性地思考、判断、处理自身的问题，还关心社会，批判地接受知识、审慎地看待其他事物，具有强烈的体现个性的见解和疑问。大学生在自我意识和社会关系相互协调的基础上，开始塑造自己的个性，支持自己的主张，以独立的人格和态度处世，积极自主地开展人际交往活动。这一时期，大学生的抱负与志向逐渐鲜明，开始淡化对于家庭的依赖性，逐渐以成人的眼光参与和处理家庭事务，充分体现个人的意志和性格，这使大学生更容易接受新事物，也更容易受社会思潮的影响。

（五）社交能力逐渐增强

大学生交往开始注重比较温和的方式，不再目中无人、唯我独尊，对社会、同性和异性的鉴赏力增强，能适应各式各样的人，能接纳朋友的不同意见，也不试图改变他们的观点。交往手段的发展，使大学生的人际交往变得更加方便、快捷，交往距离更远，交往范围甚至遍及全世界。

（六）交往内容多样性

大学生交往的内容除了专业知识外，人际交往频繁，内容丰富多彩，涉及文学、艺术、体育、政治、外交、人生、理想、爱情和社会问题等方面。大学生交往频率大大增强，由偶尔的相聚、互访发展到较为经常的聊天、社团活动、聚会、体育活动、娱乐、结伴出游及其他集体活动。交往方式、交往手段日新月异，由原来的互访、通信等传统方式转向使用一切现代化的通信设备。但是，利用现代化手段仍然离不开人与人的交流，但在大学这个教学、科研中心，其内容的广度和深度都远远不能满足大学生的需要，形式化的虚无主义不仅不能促进大学生的人际交往，反而弱化了一部分同学的积极性。

（七）交往范围不断扩大，但仍以同龄人为主

市场经济的发展，使人际交往突破了亲缘群体的界限，交往范围随之扩大。大学生交往对象由以前的亲戚、邻居、成长伙伴转向大学同学和在社交场合认识的其他人，其中又以同学交往为主。大学生过着朝夕相处的集体生活，太多的交流机会、相似的人生经历、共同的学习任务，使他们的交往对象主要集中于同寝室、同班级、同乡学友之间，围绕学习、娱乐、思想交流、感情交流而展开。他们较少受到社会经验和传统思想的束缚，思想开放活跃，力求突破现有的交际圈，不断以新的眼光和标准去扩大交往范围，寻求更多更好的伙伴。交往能力强的同学交往对象不仅限于同班同学，更多的大学生突破班级、年级范围扩展到同级、同系、同校高低年级可能认识的所有同学以及外校、社会上的朋友，涉足各种各样的校园交际环境。不仅包括同性之间的交往，还包括异性之间的交往。

（八）部分大学生缺少交往技能、交往机会和环境

大学生的主要任务是学习，其大部分时间与精力都倾注在学习上，因而缺乏一个良好的交往环境，交往技能也过于贫乏，交往方式过于被动，他们未真正接触社会，而社会的复杂性远超菁菁校园。面对错综复杂的人际关系及各种各样的实际问题，他们发现认为自己可以完全独立的心态是可笑的，大学生的人际关系因为他们的年轻变得更加难以把握。大学生的人际交往是学习、生活的过程，也是获得新知识的过程。其人际交往的方式、行为和观念的改变，交往空间的不断扩大，既是大学生自我意识的进一步觉醒，也是整个社会生活状态发生质变的结果。

二、提升大学生人际交往能力

（一）修炼自己良好的个性

遵循“三 A”原则，即接受（Accept）、赞同（Agree）、赞美（Admire）。

（二）尽可能满足他人自尊的需要

密切与他人的人际关系，例如给予对方“特殊对待”、适度地自我暴露、请对方帮小忙。

（三）培养恰当的自我意识

唐太宗李世民曾说：“夫以铜为镜，可以正衣冠；以古为镜，可以知兴替；以人为镜，可以明得失；朕常保此三镜，以防己过。”

（四）化解矛盾、避免冲突的交往技巧

争辩的艺术。避免无谓的争辩，因为“没有人能在争辩中获胜。”争辩是手段，不是目的，说服对方才重要。保持风度，宽以待人，不搞人身攻击；接受、承认他人合理的观点。

（五）批评的艺术

先表扬后批评，良药不再苦口；批评他人之前请先作自我检讨，消除对立情绪；点到为止，给人台阶下。

（六）拒绝的艺术

补偿式拒绝，提出另一建议，以示诚意；先肯定后拒绝，以示情非得已；爱护性拒绝，站在对方立场谈理由；适度运用幽默，巧用一语双关、反语谐音，假戏真做。

（七）提高人际交往的技巧

注意倾听。鼓励他人谈论自己及他们的感受、取得的成就，这是赢得友谊的优秀品质。

善于发现和赞美他人的优点。赞美能使羸弱的身体变得强壮，能抚慰恐惧的心灵变得平静和勇敢，能让绷紧的神经得到舒缓和休整，还能激励身处逆境的人坚定追求成功的信心。

（八）换位思考

己所不欲，勿施于人；严以律己，宽以待人。

课堂作业

请同学们思考，目前你与同学、家人及老师之间的关系如何？存在哪些问题？有何改善良策？

____

____

____

____

模块五

职业形象的塑造

模块导读

习近平总书记指出："要注重塑造我国的国家形象，重点展示中国历史底蕴深厚、各民族多元一体、文化多样和谐的文明大国形象，政治清明、经济发展、文化繁荣、社会稳定、人民团结、山河秀美的东方大国形象，坚持和平发展、促进共同发展、维护国际公平正义、为人类作出贡献的负责任大国形象，对外更加开放、更加具有亲和力、充满希望、充满活力的社会主义大国形象。"随着我国快速发展和国际地位的提高，我国正日益走近世界舞台中央。这要求我们塑造符合我国国家利益、有利于我国发展的国家形象，更好地向世界展现真实立体全面的中国。

个人形象同样重要，其感知体现个人的社会认知感。形象不仅体现在衣食住行等方面，而且在社会活动以及社会交流过程中体现自我认同以及认知自我的过程。首先，个人形象反映个人素养；其次，个人形象能够客观地反映个人的真实生活状态。第三，个人形象体现交流过程中的个人意愿；第四，个人形象与工作有直接联系。个人形象既是个人发展的需要，也是社会发展对个人的要求。

学习目标

1. 熟悉职业形象塑造。
2. 了解职业形象的重要作用。
3. 掌握仪容、仪表、仪态。

任务一　职业与职业意识、职业形象的概述

一、职业与职业意识

职业是指人们从事相对稳定的、有收入的、专业类别的社会劳动。它是社会地位的一般性表现，也是一个人的权利、义务、职责。职业具有经济性，即从中获得收入；职业具有技术性，即可发挥才能和专长；职业具有社会性，即承担生产任务，履行公民义务；职业具有促进性，即符合社会需要，为社会提供有用的服务；职业具有连续性，即所从事的劳动相对稳定，具有非中断性。

职业意识是人们对职业劳动的认识、评价、情感和态度等心理成分的综合反映，是支配和调控全部职业行为和职业活动的调节器。它包括创新意识、竞争意识、协作意识和奉献意识等方面。

二、职业形象的概述

美国心理学家奥伯特·麦拉比安发现，对人印象的形成大致分配如下：人的外表约占55%，包括服装、面貌、体型、发色等；人的自我表现约占8%，包括人的语气、语调、手势、动作等；人讲话的真正内容仅占7%。这是一个两分钟的世界，你只有一分钟的展示时间，另一分钟要让人们“爱上”你。如果你穿得邋遢，人们首先注意到的是你的衣服；如果你穿得无懈可击，人们才会注意到你这个人。

（一）职业形象的概念

形象是人们通过视觉、听觉、触觉、味觉等各种感觉器官在大脑中形成的关于某种事物的整体印象。

你的形象正在告诉人们关于你的一切！

你穿的不仅是衣服，而且关乎你的价值；

你化的不仅是妆，而且关乎你的品质；

你梳的不仅是发型，而且关乎你的品位。

任何一种显性因素的外在表现，最终都会体现某种隐性因素的特质。因此，你的形象关乎你的一切价值。

职业形象是在职场中呈现在公众面前的第一印象，主要包括：外在形象、品德修养、专业能力和知识结构四个方面。它是通过衣着打扮、言谈举止反映人的专业态度、技术技能等特质。

所谓职业形象是指人们对某种职业从业者的所有行为和表现的总体印象和评价，它是构成个人形象的基本因素。职业形象本质上也是一种角色形象。职业角色是一个人在一生中扮演的重要角色之一，这是因为人生很长一段时间是在职业生活中度过的，而且人的理想、价值在很大程度上也是通过职业实现的。

（二）职业形象的构成要素

职业形象具有丰富的内容和多样的形式，即职业形象由多种要素构成，这些要素可分

为内在因素和外在因素。

内在因素是职业形象中最重要的方面，包括职业从业者的职业责任感、职业道德、职业认知、职业心理特征和职业技能等，它是职业形象的内涵。外在因素包括职业从业者在职业行为过程中的衣帽服饰、仪表仪容、言谈举止、姿态动作等，它是职业形象的外在表现。

职业形象不仅来源于人们对职业从业者表现出来的外在行为的判断，而且还是人们对职业从业者内在精神的感知和体验。职业形象是职业从业者内在精神和外在表现的客观反映，是内在因素和外在因素的有机统一。

（三）职业形象的原则

①与企业文化相协调的原则。

②与职业角色相协调的原则。

③与个性特征相协调的原则。

（四）职业形象的标准

总体而言，标准的职业形象应与个人职业气质相契合，与个人年龄相契合，与办公室风格相契合，与工作特点相契合，与行业要求相契合。

（五）塑造职业形象的作用

案例分享

穿错衣服，超级明星一夜之间成为“民族罪人”

某著名演员曾为《时装》杂志拍摄了一组照片，拍摄所穿的一款时装上印有日本军旗，一夜之间，该演员成为千夫所指的“民族罪人”，遭到全国人民轰轰烈烈的声讨和谴责，“汉奸”甚至更难听的话不绝于耳。之后，她又登台演出，在众目睽睽之下被人当头淋粪，引起海内外一片哗然这对一个正当红的年轻艺人来说无疑是巨大灾难。

案例分享

尼克松的失败

1960年9月，尼克松和肯尼迪在全美电视观众面前，举行竞选总统的第一次辩论。当时，他俩的名望和才能大体相当，棋逢对手，但大多数评论员预料，尼克松素以经验丰富的“电视演员”著称，完全可能击败比他缺乏电视演讲经验的肯尼迪，但事实却并非如此。肯尼迪事先进行了练习和彩排，还专门跑到海滩晒太阳，养精蓄锐。因此，电视屏幕上的肯尼迪，精神焕发，满面红光，挥洒自如。而尼克松却没有听从电视导演的规劝，加之劳累过度，更失策的是面部用了深色的粉底化妆，在电视屏幕上显得精神疲惫，表情痛苦，声嘶力竭。正因为仪容仪表的差异和对比，帮助肯尼迪在总统竞选中取胜。

思考：通过以上两个小故事，你认为职业形象的塑造对我们有哪些影响？

____

____

____

____

（六）职业形象对人生的重要影响

从一定意义上讲，人的一生都生活在职业所营造的氛围中。从胎儿期开始，个体就生活在父母职业所营造的家庭生活氛围当中；儿时玩游戏，儿童经常模仿职业中的成人行为，获得对职业角色的最初印象；然后，个体开始进入学业历程，为将来进入社会做准备。

接下来，个体开始化妆修饰的礼节。正式场合要化妆，工作场合化淡妆；不当他人面化妆；不借用他人的化妆品；不指责他人的妆容；力戒自己的化妆出现残缺。

任务二　职业形象——仪容

一、头发的修饰

当今社会，通过头发已不能简单判断一个人的性别，现在的头发更全面地体现一个人的道德修养、审美情趣、知识结构及行业规范。人们通过一个人的发型可以大致判断其职业、身份、受教育程度、生活状况及卫生习惯，还可以感受到他对生活、事业的态度。

男性头发的规范要求：男士的头发要清洁，长度适宜，前不及眉，旁不遮耳，后不及衣领；不能留长发、大鬓角；不留络腮胡子或小胡子。

女性头发的规范要求：对于女性来说，太长的头发是非职业化的信息，工作场合女士不宜梳披肩发，头发不可挡眼睛，不留怪异的新潮发型；头发过肩的，工作时要扎起，宜拢在脑后，或束或绕或盘，以深色的发夹网罩为佳。

二、肢部的修饰

（一）肢部修饰的基本要求

手可以经常涂抹护手霜，以保持润滑细腻；指甲可以涂白色、肉色或透明色的指甲油，脚趾不宜涂指甲油；要细心清洁鞋面、鞋跟、鞋底等处，做到一尘不染；腿部有腿毛的女士，穿裙子前最好进行处理，或者选择颜色较深或不透明的袜子。

（二）手部修饰

手是工作中运用最为频繁的身体部位，握手、递名片、签字、递接物品等都要运用手。所以，在人际交往中，手被视为“第二脸面”，必须注意保养和修饰。

指甲方面的要求：一般来讲，指甲长度不宜长于指尖；不涂彩色指甲油。

（三）脚部修饰

穿鞋前，首先要仔细清洁鞋面、鞋跟、鞋底等处，做到一尘不染；穿凉鞋时，要注意脚应保持干净，脚指甲应细心修剪、清洁，可以涂抹一些浅色的指甲油。在正式场合，不宜穿露脚趾和脚后跟的凉鞋、拖鞋或镂空的皮凉鞋。

三、香水的使用

香水是女性美容的化妆品之一，也是居家常备物品。香水不仅能除臭、添香、止痒、消炎、防止蚊叮虫咬等，还能刺激大脑，使人兴奋，消除疲劳。

办公室宜选择清新淡雅型香水，以便长期保持干净、亲和、充满活力的良好状态。在办公室，最受欢迎的男士香水是木质辛香水，最受欢迎的女士香水是清新的花果香水。

使用香水的禁忌：切勿将香水搽在面部，否则会加速面部皮肤老化；切勿在毛皮衣服上洒香水，因为香水中的酒精成分会使毛皮失去光泽；不可将香水喷洒在首饰上，应当先搽香水，待完全干后，再戴项链之类的装饰品；香水不宜洒得太多、太集中，以离身体 20 厘米处喷洒为宜；搽用香水后不宜晒太阳，因太阳光中的紫外线会使搽过香水的部位发生化学反应，严重的会引起皮肤红肿或刺痛，甚至诱发皮炎；不能同时混用不同牌子的香水，否则会使香水变味或失效；夏日出汗后不宜搽用香水，因为汗味和香味混杂在一起会给人留下污浊、不清新的感觉；患有支气管哮喘或过敏性鼻炎的人，最好不要搽用浓香型香水。

任务三　职业形象——仪表

案例分享

当你的成就还不能和比尔·盖茨相比

五年前，海峰毕业于某名校经济系。那时，他还是一个追求独特个性、胸怀抱负和野心的年轻人，他崇拜比尔·盖茨和斯蒂文这两位大名鼎鼎的电脑天才，追随他们不拘一格的休闲穿衣风格。他相信“人的真正才能不在外表，而在大脑”。对那些为了寻找工作而努力装扮自己的人，他嗤之以鼻。他认为真正珍惜人才的公司不会以外表衡量人的潜力。如果一个公司在面试时以外表衡量人才，那也不是他想为之效力的企业。他经常穿着牛仔裤，脚上还套着一双不合时宜的鸭舌口黑布鞋。他认为独特的装束，恰好反映了自己具有独特创造性的思想和才能。

然而，他一次次面试，却一次次以失败告终。直到他与同班同学同时被某外企公司通知去面试。他的同学“全副武装”，发型整洁、面容干净、西装革履，手上提着一只放了几页纸的公文包，看起已然一副成功者的姿态。而他依然是“盖茨”服，脚蹬“性格宣言”的黑布鞋。进入面试的会议室后，他看到约有五六个人，全是西服正装，一个个看起来不但精明强干，而且气势压人。他那不修边幅的休闲装，显得如此与众不同、格格不入，巨大的压力和相形见绌的感觉使他恨不得找个地缝钻进去。他没有勇气再进行下去，最终放弃了面试机会。他说：“我的自信和狂妄一时间全消失了。我明白了一个道理，我还不是比尔·盖茨。”

一、仪表的内涵

> 如果你不注意仪表，就会使人觉得你对事业也并不热心，而且能从另一个侧面表明你的生活缺乏条理。可以想象，没有人会将合作对象选定在一个难以信任的人身上。
>
> ——卡耐基《人性的弱点》

仪表指一个人的外表，包括人的形体容貌、服饰着装、举止风度等方面，是一个人的精神面貌和状态的外在体现。在政务、商务等社交场合，一个人的仪表不仅可以体现他的文化修养，还可以反映他的审美情趣，穿着得体不仅能赢得他人的好感，给人留下良好的印象，而且还能提高与人交往的能力。反之，穿着不当、举止不雅，往往会损害自身形象。由此可见，仪表是一门艺术，它既讲究协调、色彩，又要注意场合、身份，同时它还是一种文化的体现。

二、仪表的特征

（一）协调性

个人应注重仪表的协调性，仪表的协调性是指一个人的仪表应与其年龄、体型、职业和所在场合相吻合，表现一种自然的和谐并给人以美感。对于年龄来说，不同年龄的人应有不同的穿着要求，表现也应与环境相适应，在办公室的仪表与外出旅游时的仪表应不相同。

（二）搭配性

个人仪表应注意色彩搭配。暖色调（红，黄等）给人以温暖的感觉；冷色调（蓝、绿等）往往使人感到凉爽、恬静、安宁、友好；中和色（白、黑，灰等）给人以平和、稳重、可靠的感觉，是最常见的工作服用色。

（三）场合性

个人仪表应根据不同场合进行着装。喜庆场合、庄重场合及悲伤场合应搭配不同服装，应遵循不同的规范与风俗。

三、注重仪表的作用

注重仪表，不仅是个人喜好的问题，而且体现个人的自尊自爱，表现个人的精神状态、文明程度、文化修养等优秀品质；注重仪表，体现了对他人、对社会的尊重；注重仪表，体现员工对工作的热爱和对宾客的礼貌。员工的仪表，直接反映了一个企业的管理水平和服务水平，直接关系到社会公众对其代表组织的评价和取舍。社会成员的仪表，反映了一个国家或民族的道德水准、文明程度、文化修养和生活水平等。

四、职业着装的原则

案例分享

有一位女性职员是财税专家，她有很高的学历背景，经常为客户提供很好的建议，在公司的表现一直很出色。但是，当她到客户所在公司提供服务时，该公司主管却不太重视她的建议，以致她能发挥才能的机会就不大了。一位时装大师偶然发现这位财税专家在着装方面有明显的缺陷。她 26 岁，身高 147 厘米，体重 43 千克，看起来机敏可爱，喜爱穿着童装，像 20 岁的小女孩，其外表与她所从事的工作相距甚远，客户对她提出的建议缺少安全感、依赖感，以致她的建议不受重视。于是，这位时装大师建议她通过服装来彰显专家学者的气势，用深色的套装、对比色的上衣、镶边的帽子来搭配着装，甚至戴上黑框眼镜。这位财税专家照此着装造型，结果客户的态度有了明显转变。随着事业的顺利发展，她很快成为公司董事之一。

服装是一种无声的语言，在人与人的交流中，服饰给人留下的印象是深刻的、鲜明的。一位商务人员的服饰是否得体，不仅反映了他的审美情趣和修养，还反映了对他人的态度，因此应谨慎着装。随着社会经济、文化的发展，如何得体、适度地着装已成为一门大学问。

职业着装可分为两部分：男士职业装和女士职业装。在目前的商务活动中，西装是男士最佳的着装选择，女士最佳着装是西服裙装，尤以长裙和半长裙为主。

（一）着装基本原则为 TPOR 原则

1. 时间（Time）

人们着装应顺应时间的变化而变化，时间不同，着装应各不相同。这对女士尤其重要，男士出席活动准备一套质地上乘的深色西装或中山装即可，而女士着装则应因时而变。出席白天活动，女士一般可穿着职业正装；而出席晚宴则需略加修饰，例如换上一双高跟鞋、穿戴有光泽的佩饰等。

2. 场合（Place）

应注意衣着与场合的协调。无论穿戴多么靓丽，如果不考虑场合，也会被人耻笑。如果大家都穿便装，穿礼服则欠妥当。在正式场合及参加仪式时，应顾及传统与习惯，顾及世界各地的一般风俗。

3. 目的（Objective）

着装目的有二：一是做事的目的，如果参加运动宜穿运动装，参加商务谈判则需穿正装。二是想给人留下何种印象，还是随意自然，不同的着装可能给人留下不同的印象。

4. 角色（Role）

人们经常在不同的社交场合扮演不同的社会角色。仪表、言行必须符合自己的身份、地位，社会角色才能被人理解和接受。通过得体的着装，可以满足他人对自己扮演角色的期待，促成社交成功。

（二）男士着装的要求

1. 西装

西装在欧洲已有 100 多年的历史，清末传入中国。西装造型优美，做工讲究。合体的西装，能体现男士的风度。此外，西装实用性强，四季皆宜，已被绝大多数人所接受。

男性职业装的颜色最好是深蓝、带条纹或者深、浅灰色和黑色。男性职业装的最大特点是保守，需要注意的是，越成功的男士穿的西装越讲究，越注意布料、剪裁和做工，因为质量决定了着装者的层次。西装穿得是否得体反映了着装者是否专业、敬业、成功。

男士穿着西装应注意“三个三”原则：

三色原则：穿西服正装时，全身上下的颜色不能超过三种。

三一定律：男士在重要场合穿着套装，鞋子、腰带、公文包的色彩最好相统一，并且建议首选黑色。

三大禁忌：其一，拆除袖标；其二，重要的对外商务交往切忌穿夹克、打领带；其三，切忌袜子穿着不当。

男士穿着西装时，务必拆除袖标，熨烫平整，不卷不挽，西服口袋应不装或少装物件，务必注意纽扣的扣法。一般而言，站立时，特别是在大庭广众面前起身而立，应当扣上西装内的上衣纽扣，以示尊重，就座后，再将上衣纽扣解开，以防“扭曲”走样。

2. 衬衫

搭配西装的衬衣，颜色应与西装颜色协调，以选择单色无任何图案为宜，白色最佳。在正式场合，一般选择棉质的白色衬衣。衬衫领应高出西装领口1 ~ 2厘米，衬衫袖长应比西装上衣衣袖长1 ~ 2厘米。在正式场合，不管是否搭配西装，长袖衬衫的下摆必须塞进西裤里，袖口必须扣上，不可翻起，衬衣领口扣子必须系好，不系领带时衬衣领口扣子解开。

3. 领带

领带被称为“西装的灵魂”，是西装的重要装饰品，在西装的穿着中起画龙点睛的作用，是专属于男士的饰物。领带的选用以丝质为最上乘，使用最多的花色品种是斜条纹领带。领带颜色应与西装、衬衫颜色相匹配，尤其是领带应与衬衫统一色彩。例如，衬衫有条纹或格子，领带最好弃用条纹或格子，或仅有含蓄的条纹与格子。

应特别注意领带的打法，领结要求挺括、端正，外观呈倒三角形，领带的长度以到皮带扣为宜。

常见的领带打法有平结（最普遍）、交叉结、双环结、温莎结、双交叉结五种。

4. 皮带

与西装相匹配的皮带要求皮质材料、光重、深色，带有钢质皮带扣。80皮带宽度不能小于650毫米，120皮带宽度不能小于1 050毫米。皮带的颜色应与鞋子、公文包的颜色相统一。穿着西装时，皮带上切勿吊挂手机、钥匙等物件。

5. 皮鞋

与西装相匹配的鞋只能是皮鞋，并且以黑色牛皮鞋最佳。穿西装一定要穿皮鞋，即便夏天也应如此。与西装搭配的皮鞋最好是系带、薄底素面的西装皮鞋。皮鞋的颜色应与服装颜色相匹配，深色西装搭配黑色皮鞋，但是棕色西装最好搭配深棕色皮鞋。

6. 袜子

穿着西装、皮鞋时，袜子的颜色应比皮鞋的颜色深，一般选择黑色，袜筒的长度要高及小腿并有一定弹性，袜子应选择纯棉或棉毛混纺的深色袜子为佳，切勿穿着白色袜子。

7. 手表

与西装搭配的手表应选择造型简约、没有过多装饰、颜色比较保守、时间标示清楚、表身比较平薄的商务款。

（三）女士着装的要求

1. 套裙

职业女性穿着套裙，会显得精神倍增，神采奕奕，整个人看起来精明、干练、成熟、洒脱、优雅、文静。正式场合穿着的套裙，最好选择纯天然质地、质量上乘的面料，要求手感好、弹性好，不起球、不起皱；最好选择黑色、灰色、棕色、米色等单一色彩。在正式的商务场合，无论什么季节，商务套装都必须选择长袖，职业套裙的裙子应长及膝盖。

2. 衬衫

与职业套裙搭配的衬衣最好选择白色、米色、粉红色等单一色彩，也可以有一些简单的线条或细格图案。衬衣的最佳面料最好是纯棉、丝绸面料。衬衣下摆必须扎进护腰内，

不能任其自然下垂或在腰间打结。衬衫除最上端一粒纽扣按惯例可以不扣以外，其他纽扣均不能随意解开。

3. 皮鞋

穿套裙一般搭配黑色的皮鞋或与套裙颜色相近的皮鞋为宜，图案或装饰不宜过多。与套裙配套的鞋子一般为高跟、半高跟的皮鞋，黑色的高跟或半高跟皮鞋是职场女性必备的基本款式，几乎可以搭配任何颜色或款式的套装，系带式皮鞋、皮凉鞋等都不宜在正式场合搭配套裙，露脚趾和脚后跟的凉鞋或皮拖鞋也不宜在商务场合穿着。

4. 袜子

袜子以肤色最佳，长筒袜和连裤袜是穿着套裙的标准搭配。穿着鞋袜应注意大小适宜，完好无损，不可当众脱下，袜口不可暴露在外，丝袜应保持无皱、无脱丝，如有破洞、跳丝，应立即更换，可在办公室或手袋里预备好一双袜子，以备替换。中筒袜、低筒袜不能与套裙搭配穿着，穿长筒袜时，应防止袜口下滑，也不可当众整理袜子。如果袜边暴露在裙子外面，则是一种公认的既缺乏服饰品位又失礼的表现。

5. 饰品

饰品是指在服装搭配中起修饰作用的其他物品，主要包括戒指、耳环、胸针、领带、提包、围巾、手套、鞋袜等。饰品佩戴原则：

①数量上以少为佳，力求达到点到为止、恰到好处的效果，饰品太多可能会适得其反，甚至毫无美感可言。

②同质同色，质地一致的饰品才可能达到和谐的整体美。

③遵循惯例，遵守约定俗成、公认的规则。

成功的职业女性应当懂得如何得体地装扮自己。职业女性着装禁忌：忌过分杂乱、过分妖艳；忌过分暴露、过分透视；忌过分怪异、过分紧身；忌过分时髦、过分正式；忌过分潇洒、过分可爱。

任务四 职业形象——仪态

相貌的美高于色泽的美，而秀雅适宜的动作美，又高于相貌的美，这是美的精华。

——培根

一、仪态的含义

仪态是指一个人的举止姿势与风度，是一种“无声的语言”，它依赖于人的内在气质的支撑，同时又取决于个人是否接受过规范和严格的体态训练。仪，即状貌，是指躯体之形与容貌之状；态，即情状，是指外在之状与内在之质。

一个人的风度是穿衣好看的最重要原因，而风度在很大程度上体现在“姿势端正”上，好的姿势体现一个人自尊、自信、行为正派，有较高的道德水准。尽管这一表面现象并不一定是事实，却是人们在日常生活中判断他人的重要依据。仪态的美是一种综合的美、完善的美，是仪态礼仪所必须的，这种美应是身体各部分器官相互协调的整体表现，同时也体现了一个人内在素质与仪表特征的和谐。

二、站姿

站立是人们日常交往中的一种最基本的举止，是生活静立造型的动作。男士要求“站如松”，刚毅洒脱；女士则应秀雅优美、亭亭玉立。

（一）基本要求

第一，头正，颈直，双眼目视前方，下颌略收，面带微笑；第二，双肩放松并打开；第三，挺胸，双臂自然下垂；第四，收腹，立腰，提臀；第五，双腿并拢，两膝间无缝隙。

男性站姿，要求给人一种“劲”的壮美感。双腿分开与肩同宽；双手自然垂放于身体两侧，中指贴于裤缝处；也可以是前握式，右手握住左手手背，垂放于腹前并稍微上提，注意肩膀向后打开，保持良好的精神状态：还可以是手背式，两手背后交叉，右手放在左手的掌心上，注意收腹。

女性站姿，要求给人一种“静”的优美感。挺胸收腹，双腿并拢，双膝并紧，双脚并拢或略微分开或呈“丁”字步站立。双手相握叠放于腹前或自然垂放于身体两侧，中指贴于裤缝处。

（二）不良站姿及站姿忌讳

切忌双脚内“八”字形站立，双腿交叉站立，歪头、斜眼、缩脖、耸肩、塌腰、挺腹、屈腿的现象；切忌叉腰、抱头、两手抱胸或插入衣袋的现象；男士可双脚适当分开站立，女士不能分腿直立，切忌身体倚靠物体站立；不挺肚子，切忌有身体歪斜、晃动或脚抖动的现象；切勿倚靠在墙上或椅子上，切忌面无表情，精神萎靡；切忌身体僵硬、重心下沉等。

三、坐姿

坐姿与站姿同属一种静态造型，坐是举止的主要内容之一。坐姿要求“坐如钟”，优美的坐姿让人觉得安详舒适、端庄、舒展大方。

（一）基本要求

第一，挺胸、直背、上体自然挺直，坐满椅子的2/3。第二，双目平视，下颌微收，双肩平正放松，双臂自然弯曲，双手掌心向下置于腿部或沙发扶手上。第三，女士双膝自然并拢，双脚尖向正前方或交叠，双腿可以一起放中间也可以一起斜放在左右两侧，双手相握叠放于腿上；男士双腿略微分开，不得超过肩宽，双手掌心向下放在双腿上。第四，无论男女，坐时都不应以鞋底示人，或者脚尖朝向他人。第五，入座时，从座位的左侧走到座位前呈基本站姿站好后，右脚或左脚向后撤，确认椅子位置，随势坐下，动作轻、缓、稳。第六，离座时，起身后从座位的左侧离开。

（二）不良坐姿忌讳

切忌分腿、前伸、平放；切忌一边弯曲，一边平伸；切忌双脚或单脚抬放在椅面上；切忌双手抱头、叉腰、屈背；男士跷腿时，切忌双腿抖动；女士切勿双膝相连，两脚分别

向外侧斜放，形成“人”字形；女士乘坐小轿车时，应先坐在车座上，然后再将双腿并拢收进车内。

四、走姿

走姿是人体呈现出的一种动态，是站姿的延续。走姿文雅、端庄，不仅给人以沉着、稳重、冷静的感觉，同时也是展示自己气质与修养的重要形式。注意走姿还可以防止身体的变形走样，甚至可以预防颈椎病。

（一）基本要领

第一，行走时，上身应保持挺拔的身姿，双肩保持平稳，双臂自然摆动，幅度手臂距离身体 30 ~ 40 厘米为宜；第二，腿部应是大腿带动小腿，脚跟先着地，保持步态平稳；第三，步伐均匀、节奏流畅使人显得精神饱满、神采奕奕；第四，步幅的大小应根据身高、着装与场合的不同而有所调整；第五，女性穿着裙装、旗袍或高跟鞋时，步幅应小一些，穿着休闲长裤时步幅可以大一些，凸显穿着者的靓丽与活泼。此外，女性穿着高跟鞋时尤其要注意挺直膝关节，否则会给人“登山步”的感觉，有失美感。

（二）注意事项

切忌低头看脚尖：显得“心事重重，萎靡不振”；切忌拖脚走：未老先衰，暮气沉沉；切忌跳着走：心浮气躁；切忌走内八字或外八字；切忌摇头晃脑，晃臂扭腰；切忌左顾右盼，瞻前顾后：容易招致误解，特别是在公共场合很容易给自己招麻烦；切忌走路时大半个身子前倾：动作不美，有损健康；切忌行走时与他人相距太近，与他人发生身体碰撞；切忌行走时尾随他人，甚至对其窥视围观或指指点点，此举可能会招致“侵犯人权”或“人身侮辱”；切忌行走时速度过快或过慢，以致对周围的人造成一定的不良影响；切忌边行走，边吃喝；行走时切忌与成年同性勾肩搭背，搂搂抱抱。

（三）男士正确的走姿

走路时，应双腿并拢，身体挺直，下巴微向内收，眼睛平视，双手自然下垂置于身体两侧，随脚步微微前后摆动。双脚尽量走在同一条直线上，脚尖应对正前方，切勿呈内八字或外八字，步伐大小以自己足部长度为准，速度不快不慢，尽量不要低头看地面。

上下楼梯时，身体挺直，目视前方，不得低头看楼梯，整个足部应踏在楼梯上，如果楼梯窄小，则应侧身而行。此外，弯腰驼背或肩膀高低不一都不可取。

正确的走路姿态会给人一种精神饱满、自信专业的良好印象，因此走路时应抬头挺胸，手不宜插入裤袋中。腰部应稍用力，收小腹，臀部收紧，背脊挺直，切勿垂头丧气。气平，脚步从容和缓，尽量避免短而急的步伐，鞋跟切勿发出太大声响。

若偶遇熟人，点头微笑即可，若停下交谈，以不影响他人行进为原则。若有熟人从背后打招呼，切勿急转身，以免身后人应变不及。

（四）女士正确的走姿

女士走路应不疾不徐，以自然而均匀的步伐向前迈进，给人一种如沐春风的感觉。走路时，女士手部应自然下垂置于身体两侧，随脚步微微摆动，幅度不宜过大。若手上持有物品，如手提包等，应将大包挎在手臂上，小包拎在手上，背包则背在双肩上。走路时身体不可左右晃动，以免妨碍他人。雨天拿雨伞时，应将雨伞挂钩朝内挂在手臂上。

女士走路时，不宜左顾右盼，经过玻璃窗或镜子前，不可驻足梳头或补妆；切勿三五成群，左推右挤，一路谈笑，不但影响他人通行，看起也不雅观。在行进过程中，如果有物品掉落地上，切勿马上弯腰捡起。正确做法：首先绕到掉落物品的旁边，下蹲，然后单手将物品捡起，可以避免正面领口暴露或裙摆打开等不雅场面。

偏爱穿高跟鞋的女士，走路时请控制走姿避免鞋底发出踢踏声。特别是在正式场合，或者人较多的地方，尤其注意走路时切勿发出太大的声响。

五、蹲姿

欧美国家认为“蹲”极不雅观，非必要绝不下蹲。因此，在日常生活中，下蹲时一定要注意控制姿态，保持端庄、大方的蹲姿。

（一）基本要求

第一，下蹲捡物时，应自然、得体、大方；第二，下蹲时，两腿合力支撑身体；第三，下蹲时，应保护好头、胸、膝，以免滑倒；第四，女士无论采取哪种蹲姿都应双腿靠紧，臂部向下。

（二）蹲姿禁忌

①切勿突然下蹲：下蹲时，切勿速度过快。

②切勿离人太近：下蹲时，应与身边人保持一定距离。

③切勿方位失当：在他人身边下蹲时，最好与其侧身相向，正面或者背对他人下蹲，都是不礼貌的表现。

④注意遮掩：在公众面前，尤其是身着裙装的女士，一定要做好遮掩，特别是防止大腿叉开。

⑤切勿蹲在椅凳上，在公共场合，这是不被接受的生活习惯。

六、手势

手势是人们常用的一种肢体语言，不同国家、地区、民族，由于文化习俗的不同，手势的含义也千差万别。手是人体态语言中最重要的传播媒介，作为仪态的重要组成部分，人在紧张、兴奋、焦急时，手都会有意无意地表现出某种“体态语言”。商务人士正确地掌握和运用手势，可以增强感情的表达，提高服务效果。

手势的含义非常丰富，表达的感情也非常微妙复杂。手势可以发出信息，表示喜恶，表达感情。伸出拇指向上，在欧美国家表示好、赞同；在中国表示称赞；在日本表示老爷子。拇指向下，大多数国家表示反对。食指上指，在中国表示数字 1；在大多数欧美国家表示打招呼；在法国表示提问；在澳大利亚则表示给我一杯啤酒。

七、鞠躬

鞠躬即弯腰行礼，源于中国的商代，是一种古老而文明地向他人表示尊敬的郑重礼节。鞠躬礼在东南亚国家流传甚广，尤其是朝鲜、韩国和日本。鞠躬是人们生活中表示礼节的姿势，既适用于庄严肃穆或喜庆欢乐的仪式，又适用于一般的社交场合。

（一）鞠躬的分类

鞠躬礼一般分为 90°、45°、30°、15°。90° 鞠躬礼一般用于三鞠躬，系最高礼节；45° 和 30° 鞠躬礼通常适用于下级向上级、学生向老师、晚辈向长辈，以及服务人员向来宾致敬的场合；15° 鞠躬礼适用于一般性应酬，如问候、答谢、介绍、握手、递物、让座、让路等。

（二）鞠躬礼的基本要求

①立正站好，保持身体端正，正面正视受礼者，距受礼者 2 ~ 3 步。

②鞠躬时双手置于身体两侧或在身体前搭好（右手搭在左手上），面带微笑，以腰部为轴，以胸部带动整个腰部、肩部向前倾斜，幅度越大表示越尊敬。

③礼毕起身时，双目应有礼貌地注视对方。

④行礼时，应礼貌严肃，脱帽正视对方，切勿进食或抽烟，切勿驼背式鞠躬。

八、表情

现代心理学家认为，情感的表达是人们保持正常交往的纽带，它主要通过语言、声音、表情等方式完成，并总结得出公式如下：感情表达 = 言语（70%）+ 声音（38%）+ 表情（55%）。由此可见，表情在人与人的交往与沟通中占有相当重要的地位。

表情是指人的面部情感，是人们心理活动的外在表现。商务人士在表情方面应具备较强的自我约束和控制力。眼神和笑容是面部表情的核心。

（一）微笑

微笑是人际交往的通行证。它在各类文化中的含义基本相同，是真正的“世界语”，能超越文化四处传播。

微笑是自信的象征，是道德修养的重要表现。为表示热情、友谊，人们常把微笑当作礼物，慷慨地赠送给他人。

微笑是和睦相处的反映。见面时，微笑是问候语；客人到来时，微笑是欢迎词；接待客人时，微笑是贴心话；告别时，微笑是告别词；不小心出错了，微笑便成为道歉语。

微笑是心理健康的标志。一个心理健康的人，一定能将美好的情操、愉快的心境，善良的心地变成微笑。微笑反映一个人心底坦荡、善良友好，待人真心实意，而非虚情假意，微笑让人在交往中感到自然放松，不知不觉便缩短了心理距离。

案例分享

威廉·史坦哈已经结婚 18 年多了，每天从早上起床到离家上班的这段时间，他很少对自己的太太微笑，或者与她交谈几句。史坦哈觉得自己是百老汇最闷闷不乐的人。

后来，在史坦哈参加的继续教育培训班中，他被要求以微笑的经验发表一段谈话，于是他决定自我测试一个星期。

现在，史坦哈去上班，会对大楼的电梯管理员微笑着说“早安”；他会微笑着与大楼门口的警卫打招呼；他会对地铁的检票小姐微笑；当他站在交易所时，他会对那些以前从未见过自己微笑的人微笑。

史坦哈很快发现，每个人也对他报以微笑。他以一种愉悦的态度，对待那些满肚子牢骚的人。他一面听着他们的牢骚，一面微笑着与他们沟通，于是问题很容易就解决了。史坦哈发现微笑带给了自己更多的收入，每天都带来更多的钞票。

史坦哈与另一位经纪人合用一间办公室，对方是个很讨人喜欢的年轻人。史坦哈告诉他，最近自己在微笑方面的体会和收获，并为自己取得的成绩感到非常高兴。那位年轻人回答道："当我最初跟您共用办公室的时候，我感觉您是一位闷闷不乐的人。但是最近，我改变了看法。当您微笑的时候，浑身充满了慈祥。"

（二）眼神

眼睛是心灵的窗户，眼神能准确地表达人们的喜、怒、哀、乐等一切情感。运用眼神的具体要求：正视对方的眼部，向客户行注目礼；视线应与对方保持相应的高度；第三，运用目光向对方致意。

模块六

礼仪的概述

模块导读

礼仪是人们在社会生活和社会交往中约定俗成的行为规范和交往程序。人们可以根据各式各样的礼仪规范，正确地把握与外界的人际交往尺度，合理地处理人际关系。礼仪是塑造形象的重要手段。在社会活动中，交谈讲究礼仪，可以变得文明；举止讲究礼仪，可以变得高雅；穿着讲究礼仪，可以变得大方；行为讲究礼仪，可以变得美好。总之，只要讲究礼仪，人就会变得充满魅力，事情就会做得恰到好处。

学习目标

1. 掌握礼仪的概述。
2. 掌握商务礼仪的概述。
3. 掌握商务会面礼仪。
4. 掌握商务交谈礼仪。

任务一　礼仪的概述

礼仪是指人们在相互交往中，为表示相互尊重、敬意、友好而约定俗成的、共同遵循的行为规范和交往程序。礼仪既指在大型、正规场合隆重举行的各种仪式，也泛指人们在社交活动中的礼貌礼节。中国是举世公认的“礼仪之邦”，礼仪是中国古代文化的基础，从某种意义上讲，中国古代文化就是礼仪文化。在中国传统社会里，旧礼制是为古代统治阶级服务的，礼仪是封建礼制在社会生活中程式化或名物化的体现，在很大程度上是社会等级伦理的派生物，直接体现了社会的不平等。在现代社会新型的人际关系建设中，我们应当借鉴、继承优秀的传统礼仪，摒弃落后、烦琐的传统礼仪。现代礼仪一方面是社会规范和道德规范的组成部分，同时也是一种纯粹的交往形式。与传统礼仪相比，现代礼仪所具有或反映的文化内涵已大为减少，它是以现代新型的人际关系为前提的。

礼仪是一种社会成员相互交往时共同遵守的行为规范，是一个人被其他人所接受，并赢得尊重与好感的“通行证”。

一、礼仪的特征

（一）规范性

礼仪既有内在的准则又有外在的尺度，对人的言行举止和社会交往具有普遍的规范，遵守礼仪会得到社会的普遍认可，违反礼仪则会受到社会的谴责。

（二）操作性

礼仪规范以人为本，人人可学，重在实践，习之易行，行之有效。

（三）时代性

礼仪一旦形成，就具有世代相传、共同实践的特点。但是，礼仪也不是一成不变的，根据时代的变化，礼仪也在不断的完善。

二、礼仪的原则和作用

（一）礼仪的原则

礼仪的原则包括宽容、敬人、遵守、适度、真诚、从俗、平等。

（二）礼仪的作用

礼仪的作用包括尊重、约束、教化、调节。

任务二　商务礼仪的概述

商务礼仪是人们在商务交往中的一种行为艺术，它涵盖了工作场合所需的各种技巧，覆盖了所有的工作空间，体现为细节展现素质（例如递交名片、见面握手、场合着装、拜访客户等）。

一、商务礼仪的基本特征

规范性：标准化的要求。

对象性：区分对象，因人而异。

适用性：讲究天时、地利、人和。

二、商务礼仪的重要性

对个人而言，提升自身的涵养、素质，有利于赢得他人的尊重；在商务交往中，个人代表企业，个人形象代表企业形象，树立个人形象就是树立企业形象；树立企业正面形象，有利于赢得企业合作伙伴的信任、理解与支持。

三、商务礼仪的六大要素

商务礼仪的六大要素包括仪容、服饰、举止、体态、谈吐、待人接物。

任务三　商务会面礼仪

会面礼仪是指在与他人见面时应遵循的礼节规范和行为准则，包括称呼礼仪、问候礼仪、介绍礼仪、握手礼仪、名片礼仪。

一、称呼礼仪

称呼是我们在日常生活中的称谓，是开始建立人际交往关系的通行证。在生活中，人们对如何称呼自己非常在意。亲切恰当、合乎礼节的称呼不仅表达了对他人人格、身份、地位的尊重，同时也反映了称呼者的修养。

①一般性称呼：先生、女士。

②职务性称呼：部长、主任。

③职业性称呼：医生、老师等。

二、问候礼仪

与人打招呼，是尊重他人的表示。

问候的基本顺序：①地位低者应先向地位高者问候；②男士应先向女士问候；③晚辈应先向长辈问候；④主人应先向客人问候。

问候的方式分两类：①语言问候：总的原则是越简单越好。例如，你好、早上好（上午10点以前）、晚上好（太阳落山之后）；②动作问候：点头、鞠躬、握手、拥抱、亲吻礼等。

下面重点介绍几种动作问候礼仪。

（一）点头礼仪

双方近距离相遇，一般使用语言问候：经常见面的人相遇时，可只点头相互致意，在特定场合（酒会、舞会）双方距离稍远时一般点头即可。

在公共场合，微微点头是表示礼貌的一种方式，适用场合如下：

在公共场合遇到领导、长辈，一般不宜主动握手，而采用点头致意的方式。这样既不失礼，又可以避免尴尬；偶遇交往不深者，或者遇到陌生人又不想主动接触，可以采用点头致意的方式，表示友好和礼貌；一些场合不宜握手、寒暄时，可以采用点头致意的方式，如与落座较远的熟人打招呼。

非正式场合，例如会前、会间的休息室，上下班的班车上，办公室的走廊上……则不必握手、鞠躬，只需点头致意即可。

（二）鞠躬礼仪

通常包括 15°、30° 和 45° 鞠躬行礼，还有 90° 鞠躬礼。90° 鞠躬，一般用于三鞠躬，系最高礼节；45° 和 30° 鞠躬，通常适用于下级向上级，学生、晚辈向长辈，以及服务人员对来宾致敬的场合；15° 鞠躬，适用于一般性应酬，如问候、介绍、握手、递物、让座、让路等都应伴随 15° 鞠躬。

鞠躬礼应注意事项：

①行礼时要求立正、注视、微笑。

②鞠躬时手的位置，男性——裤线稍前，女性——双手身前交叉。

③鞠躬时应脱帽（女性无帽檐不需脱帽）。

④受礼者为长者，可不还礼。

（三）握手礼仪

握手是交际的一部分。通过握手的力量、姿势和时间的长短，通常能够表达出对握手对象的不同礼遇和态度。既彰显个性，又给人留下不同印象。握手是人们见面时相互致意的一种最普遍的方式。它不仅是一种见面礼节，也是祝贺或感谢的一种表示。

1. 握手方式

（1）平等式

握手时伸出右手，四指并拢与大拇指分开，两人的手掌与地面垂直相握，并轻轻摇动，一般以 2 ~ 3 秒为宜；两眼注视对方，面带笑容，上身要略微前倾，头要微低。这是标准的握手方式，意义较单纯、礼节性地表示友好合作。

（2）控制式

握手时掌心向下，显得傲慢，以示自己高人一等，或暗示想取得主动地位。

（3）乞讨式

握手时掌心向上，表示谦卑与过分的恭敬，往往是处于受支配地位的表现。

（4）手套式

双手紧紧握住对方的右手，并且上下摇动，时间稍长，往往表示热情的欢迎、感谢、感激，或有求于人、肯定契约的意义。下级对上级、晚辈对长辈采用这种方式，表示谦恭备至。但初次见面一般不用此方式。

（5）死鱼式

握手时漫不经心，过于软弱无力，时间很短，不仅给人一种十分冷淡的感觉，同时也给人留下一种毫无生命力、任人摆布的印象。

（6）虎钳式

握手时用力过猛、时间过长、幅度过大，给人以粗鲁的感觉。

（7）抓指尖式

握手时，轻轻触一下对方的指尖，往往给人一种冷冰冰的感觉。有些女士自视清高，常采用这种方式，暗含保持一定距离之意。

总之，不同的握手方式有不同的含义，给人的礼遇也是不尽相同的。我们应本着友好、亲善的原则采用正确的握手方式，即标准的握手方式，给对方一种平等待人、亲切随和的感觉。握手作为一种社交礼仪，它不是一种随意行为，而是有一定讲究的。只有这样，才能给人留下美好的印象。

2. 握手的一般性要求

（1）握手姿态要正确

行握手礼时，通常距离受礼者约一步，两足立正，上身稍向前倾，伸出右手，四指并齐，拇指张开与对方相握，微微抖动 3 ～ 4 次，然后与对方的手松开，恢复原状。与关系亲近者，握手时可稍加力度和抖动次数，甚至可以双手热烈相握。

（2）握手必须用右手

如果恰好右手不便，应向对方说明。如果戴着手套，则应摘下后再与对方握手。

（3）握手讲究先后次序

一般由年长的先向年轻的伸手，身份地位高的先向身份地位低的伸手，女士先向男士伸手，老师先向学生伸手；如果两对夫妻见面，先由女性互相致意，然后男子分别向对方的妻子致意，最后才是男子互相致意。拜访时，一般是主人先伸手，表示欢迎；告别时，应由客人先伸手，表示感谢，并请主人留步。不应先伸手的切勿先伸手，见面时可先问候致意，待对方伸手后再与之握手，否则表示不礼貌。许多人同时握手时，切勿交叉握手，应根据顺序，待他人握毕，再伸手。

（4）握手要热情

握手是否热情，表示热情的分寸是否恰当，从握手时的表情、方式、力度、时间等都可以体现出来。握手时，双目应注视对方的眼睛，微笑致意。切忌漫不经心、东张西望，边握手边看其他人或物，或者对方早已把手伸过来，而你却迟迟不伸手相握，这都是冷淡、傲慢、极不礼貌的表现。握手时间以 3 秒钟为宜，有些人紧握别人的手不放而只顾热情地说话，特别是在公共场合或路上，会使对方很不自在。一般情况下，掌心向下，代表傲慢的握手方式，掌心向上则显得过于谦卑，普遍采用的握手方式则是双方的掌心侧向相对而握。

（5）握手力度要适中

既不能有气无力，也不能握得太紧，甚至握疼对方。握得太轻，或只触到对方的指尖，而不握住整只手，对方会认为你傲慢或缺乏诚意；握得太紧，对方会感觉到你热情过火，不善掩饰内心的喜悦，或感觉你粗鲁、轻佻而不庄重。此外，还应注意切勿一只脚站在门外，一只脚站在门内握手，也不能连蹦带跳地握手或边握手边敲肩拍背，更不能有其他轻浮不雅的举动。

3. 特殊的握手礼仪

所谓握手的特殊要求是针对握手对象身份的特殊性而言。主要应注意以下方面：

（1）与贵宾或老人握手

当贵宾或老人伸出手时，你应快步趋前，用双手握住对方的手，身体微微前倾，以示尊敬；还可根据场合，边握手边问候，握手时切勿昂首挺胸，也不能胆小畏缩。在社交场合遇到身份高的熟悉老人，切勿贸然上前打断对方的谈话或应酬活动，应待对方谈话或应酬告一段落后，再上前问候，握手致意。如果在不止一人的场合中，应遵守先贵宾、老人的习惯顺序。

（2）与上级或下级握手

上下级见面，一般应由上级先伸手，下级方可与之相握。如果上级不止一人，握手顺序应由职位高的到职位低的，如职位相当则可按一般的习惯顺序，也可由一人介绍，你一一与之握手。上级与下级握手时，应热情诚恳，面带笑容，注视对方的眼睛，而漫不经心、敷衍了事、冷漠无情、架子十足，或者与下级握手后立即用手帕擦手，这些都是不得体或无礼的行为。

（3）与女士握手

与女士握比与男士握手有更多的讲究：在一般场合，女士总是习惯于点头或者微笑，是否握手，取决于她的个人习惯和高兴程度。如果女士愿意握手，应由她先伸手，男士只需轻轻一握即可。如果女士不愿握手，她可以微微欠身鞠躬，或者点头、说客气话来代替握手。男士主动与女士握手是不适宜的，可能会使对方感觉尴尬。但是，若男士已主动伸手，女士理应有所回应，漠视一个自然而友好的举动是很不礼貌的。握手前，男士必须脱下手套，摘下帽子，而女士则可以戴着手套。区别以上几种握手要求，灵活掌握和运用握手礼仪，可以在社交场合中，第一次见面就给人留下深刻的良好印象。

（四）拥抱礼仪

拥抱礼仪要诀：左脚在前，右脚在后，左手在下，右手在上。胸贴胸，手抱背，贴右颊（永远伸出自己的右脸去与对方相贴）。

（五）交谈礼仪

与人谈话时双目应正视对方。可以用手势帮助说话，但切忌指手画脚，更不能以手指指向对方，以免使人感到你的粗鲁与浮躁。谈话现场超过两人时，切忌只顾与其中一人交谈而冷落他人。别人说话时应专注倾听，不宜左顾右盼，或频频抬腕看表，更不可做出伸懒腰、打哈欠等不礼貌动作。

若与异性交谈更应注意稳重大方。若系初次交谈，男士一般不宜触及女士的年龄、婚姻、受教育程度等“敏感话题”；尤其应避免以女士的胖瘦、高矮为谈资，否则会被视为低级趣味或缺少教养。交谈时若非至亲挚友，不宜问及对方的私事，交谈中对方不愿提及的话题切勿穷追不舍。交谈期间如需暂离，应向对方表示歉意后再离开。若有人离开群体作个别交谈时一般不宜趋前旁听。确有急事必须打断对方，则需先插话“对不起，打搅一下”，插话毕迅速离开。

模块七
职场妆容塑造

模块导读

拥有一副好的妆容可能使你的工作事半功倍。给人第一印象的好坏可能直接影响你与他人今后的交往，而人们通常会对外貌姣好、自信阳光的人心怀好感。化妆主要是为了改善精神面貌，清爽自然的妆容能给人一种稳重自信的感觉。

学习目标

1. 了解职业妆容设计的概述。
2. 掌握如何塑造职场女性妆容。
3. 掌握如何塑造职场男性妆容。

任务一　职业妆容设计的概述

一、职业妆容设计的内涵

妆容指的是面容，但妆容不等于面容本身。化妆是生活的一门艺术，俗话说“三分人才，七分装扮”。化妆种类很多，例如宴会妆、舞会妆、演出妆、工作妆，休闲妆等。根据不同的目的、要求，可选择不同的装扮。

职业妆容是指在自身条件的基础上，定义一个被接受和期望的妆容形象。被设计者通过使用丰富的化妆品和工具，正确运用色彩和技巧，对五官及其他部位进行预想的渲染、描画、整理，以强化立体效果、调整形色、表现神采，强调和突出个人所具有的自然美，遮盖和弥补面部存在的不足，从而达到美容的目的。职业妆容设计就是工作妆，工作时，适当的化妆是一种礼貌行为和自信的表现，展示尊敬人的良好个人素质，是出席正式场合的礼仪要求，尤其是正式社交、公关活动。工作妆可以使人更年轻、有朝气、更自信。职业形象的妆容设计，不仅是妆容的技术问题，也不仅是对时尚美的追求和拥有问题，实际上它是职场中的一门形象艺术，甚至可以上升到职业态度和职业追求的高度。

二、职业妆容设计的基本原则

整体形象的和谐统一是职业妆容设计的最重要原则。

（一）面部妆色与线条的和谐统一

化妆时，不仅所用化妆品的色调要一致，其不同部位选择的线条也要统一。例如，眉毛、眼线、唇线等都要表现得简约、清爽，会使你拥有一种理智而干练的形象。妆色、线条不一致的化妆，不仅不能增加美感，反而会使面部显得不整洁。

办公室妆容的色彩应给人一种和谐、悦目的美感，妆容的色彩应选择同色系，例如眼影和口红的色彩应当协调呼应。在办公室，眼线可以不画，尤其应避免使用深色的下眼线，否则妆容会显得做作而僵硬。

（二）化妆与服饰色彩及其风格的和谐统一

有人把化妆称为“给脸穿衣服”。这是因为粉底霜、眼影、腮红、唇膏等颜色是以未化过妆的皮肤颜色为条件而添加上去的。在设计面部化妆的色彩搭配时，只有与服装、首饰等同时进行整体配色考虑，才能相得益彰。一般来说，服装与妆色的协调，应首先确定服装，再着手化妆。

（三）化妆与环境场所的和谐统一

环境场所是指职业妆容设计对象的工作环境与社交活动场所，它是衡量职业妆容设计效果的背景条件。不同的环境场所具有不同的色泽、光线条件和社交氛围。

三、化妆时应注意的问题

（一）注意扬长避短

有人总是在镜子前盯着自己脸部的缺点，化妆时也注重在短处上下功夫，比如脸宽，

就一味地在脸颊上做文章；嫌自己的蒜头鼻难看，就一味地加颜色。这种操作不但无济于事，反而会弄巧成拙。请大家记住一条化妆原则：让较美的部分掩饰有缺陷的部分。即仅仅掩饰五官的缺点是不够的，更重要的是突出自己的优点。

（二）注意妆色与光线之间的关系

化妆时的光线与化妆的色彩具有非常密切的关系。在红色灯光下化妆，眼睛往往无法判断化妆的颜色程度。因此，在红色灯光下化的妆一般都偏红，在日光下就像关公脸一样红；相反，在白色光源下化的妆，在红色灯光下往往显白，没有血色。根据这一原理，若去日光下活动，最好在日光下化妆，若在灯光下化妆，则颜色宜偏淡一些。若去灯光下活动，最好在灯光下化妆；若在自然光下化妆，则颜色宜偏重一些。

（三）妆的浓淡视时间、场合而异

随着时间与场合的变化，女性化妆也应随之变化。白天自然光下，女性一般略施粉黛即可，职业女性的工作妆应以淡雅清新、自然为宜。而参加晚间交际活动的女性则多着浓妆。在正式场合，女性完全不化妆也是不懂礼貌的表现。

（四）不宜当众化妆或补妆

有的女士，对自己的形象过分在意，不论何种场合，一有空闲，就会拿出化妆盒对镜修饰。在公共场合修饰面容，是缺乏教养的表现。若需化妆或补妆，请移步洗手间，切勿当众“表演”。

四、职业妆容设计的重要性

“芙蓉不及美人妆，水殿风来珠翠香。”出自唐代诗人王昌龄的《西宫秋怨》。古人尚知妆容的重要性，在社会经济迅猛发展的今天，化妆已不再是个别群体的专利和特长，而是各行各业应当共同追求的形象要求。无论是中国传统文化，还是西方礼仪，化妆都是非常重要的礼貌表现。一副漂亮的妆容给人一种礼貌的印象，也是仪表不可缺少的一部分。化妆是人类文明的产物，化妆后的妆容在职业形象的传播中具有重要作用，它能激发人们在职场中不断创造的内驱力。妆容形象不仅是为了自娱自乐、满足自我身心愉悦的要求，即传统意义上“女为悦己者容”，它更是一个人事业发展的重要资源。

（一）工作越忙越要化妆

工作越忙乱，你的脸色可能越差，就越需要化妆来修饰。你的老板和客户会为你的工作成果买单，却不会为你的坏脸色买单。因此，为了长远的职场形象，请你一定给自己的容颜挤出几分钟。

（二）职位越高越要化妆

英国著名的形象公司 CMB 的一项研究显示：在公司中身居高位的女性，形象和气质对于成功的作用非常关键。今天，越来越多的女性高管人员都善于把优雅动人的女性风姿融入自己的整体职场形象，化妆自然也受她们的青睐。

（三）心情越糟越要化妆

心情越糟越要化“妆”！有关研究证实，化妆是改善女性情绪的绝佳妙方。化妆后，人们大都感到身心愉悦，远离忧郁和烦恼。每次尝试新的妆容，使用新的色彩，都会发现自己原来可以拥有这么多不同的面貌。新形象帮你找回了自信，心情自然开朗。

（四）越陌生越要化妆

谁知道你会在哪一个拐角处遇上自己成长历程中的贵人呢？在当今这个高速流转、来去匆匆的人际环境里，如果你不能成功地让一个陌生人的眼光在你脸上停留 5 秒钟，你就没有机会让他产生去了解你内心的兴趣。得体的妆容是吸引注意力的聚光镜，能助你赢得最大化的“第一印象分”。

（五）年纪越大越要化妆

有哲人说过，美丽是女人追求一生的事业。为美而“妆”，固然有着某些功利的目的，但最终是为了愉悦自己。当你不再需要为任何人、任何事化妆时，你依然会在一个阳光明媚的清晨，在化妆台前精心地梳妆打扮，给自己创造一份美丽的心情。此时的你，深知美才是人生最终极的价值。你创造美，享受美，都只为自己。

（六）男士也要化妆

现代男士深知修饰的重要性，穿得干净得体只是一方面，保养肌肤、护理头发不仅让人看着顺眼或者自我感觉良好，还可能让你在职场上信心百倍。

任务二　职场女性妆容

一、职场女性化妆的重要性

对于大学生来说，都是以准职场人的身份接触职业礼仪，而化妆作为职业礼仪的一种，对于职场发展具有非常重要的作用。作为职场女性，欲在事业上获得成功，就必须在细节上入手。化妆不仅是对自己的尊重，也是对他人的尊重。一副精致的妆容不仅能够提升你的自信，还能给他人留下深刻的印象。

（一）化妆能使你的工作事半功倍

职场女性化妆主要是为了提振精神面貌，清爽自然的妆容给人一种稳重自信的感觉，而浓妆则适合舞台表演。不管你是否愿意，第一印象的好坏能直接影响到你与他人的交往。人们通常会对外貌姣好、自信阳光的人怀有好感。调查显示，当两人初次见面时，外貌占第一印象的 50% 以上，言谈举止占 30% 左右，而谈话内容仅占 7%。这份调查数据充分证明，拥有一副好的妆容能使你的工作事半功倍。

（二）化妆具有调节心情的作用

每个人的五官都存在不同程度的缺陷，我们通过化妆对面部进行调整，掩饰缺陷，突出优点，使五官更加精致。化妆后的女性更加自信，显得神采奕奕，充满魅力。这种自信能激发女性生理和心理上的活力，消除疲劳，而且职场女性化妆也是对同事和客户的尊重。或许同事和上司可以接受你的素面朝天，但客户却不一定。若因你的素颜导致生意落空，这不是很令人沮丧的事情吗？

（三）化妆使人充满自信

一个失去自信的人往往显得神情呆板，面色黯淡无光，而充满自信的人往往显得朝气

蓬勃，光彩照人。即使我们没有貌若天仙的脸蛋，但只要健康活泼，依然是美丽的，所以一定要对自己充满信心，而化妆则是职场女性增强自信的最好方法。通过化妆可以修饰脸部的某些缺陷，让自己变得更加美丽。因此，坚持化妆能使自己更加有信心。

二、职场女性化妆步骤

职场女性的化妆受职业环境的制约，应当给人一种专业性、责任性的感觉，因此职场化妆以淡妆为宜。高明的化妆既要显示漂亮的仪表，又要不着痕迹、美丽淡雅。

女性化职业淡妆的完整步骤：清洁—爽肤水、乳液、眼霜—面霜—（隔离霜）—粉底液—（遮瑕霜）—散粉—眼影—眼线—眉毛—腮红、腮影—定妆（散粉、气垫）—睫毛膏—口红。

女性在上妆前必须进行肌肤的基础护理，基本的护肤不仅能保护肌肤，增加肌肤弹性的同时还更易于上妆。因此，前期基本的皮肤清洁和护理是很有必要的，上妆前主要分为两个步骤，即洁面与护肤。第一步，洁面。洁面前一定要先卸妆，最好选择弱酸性的洁面产品进行清洁，用 30 ~ 33 ℃的温水与冷水交替洗脸，最后用干毛巾擦干。第二步，擦护肤品。护肤步骤：洗面奶、水、精华、乳液。冬天用洗面奶、水、精华、霜。乳液和霜的区别：一个在夏天用，另一个在秋冬用。面膜在洗完脸后使用。洗去面膜后，再依次上水、保湿精华、乳液或霜。

（一）底妆

底妆的打造依赖于粉底的选择。粉底是妆容的基础，粉状质地的粉底是最常见的，搽在脸上显得轻柔自然，是日常妆的最佳选择。一般有粉底液、粉饼装与散粉装 3 种。化妆时，人们总会打一层粉底。因此，从某种程度上说，粉底是女性妆容的基础，应如何打好这层基础呢？众所周知，选用任何颜色的粉底都不能脱离自身肤色，而试用粉底则最好在脸部皮肤进行。粉底颜色主要有亮色、自然色、紫色、绿色等，并不是所有颜色的粉底都适合你，一定要筛选出最合适自己的那款。一般亮色适合偏白肤色，自然色适合所有肤色，紫色适合偏黄肤色，绿色适合偏红肤色。

一款好粉底是获得完美底妆的必要条件，但仅仅有好粉底是不够的，粉底工具和涂抹手法也将直接决定粉底的效果。双手、海绵、刷子这三种粉底工具各有人爱，也各有特点和技术诀窍。但是，用同一种工具的人，画出的妆容也可能相差甚远，这就是技术的问题。因此，只有不断地升级自己的“手法”和“技术”，才能让底妆更完美。

1. 双手法

双手是最方便、最贴心的工具。其优点在于方便，易操作，力度更加容易掌控。缺点是容易留下指纹，在眼底、下巴和鼻翼等处处理不均匀，手温也会影响粉底质地。双手法适用对象：适合刚开始使用粉底的人和早上起来没有太多时间化妆的上班族。双手法适合质地：适合乳霜状和液体粉底。由于手温可以使粉底所含的脂质在粉底和皮肤之间形成一层水分膜，从而使粉底和皮肤更加贴合。

双手法主要依靠各手指的完美配合。无名指隐退眼周“粉纹”，眼周涂上粉底后容易出现“粉底细纹”。此时需用无名指腹进行细致点拍，颇似眼霜的涂抹手法。需要特别注意的是，一定要用手轻轻撑开眼尾和眼睛下方的细纹，将卡在里面的粉底推匀，否则细纹中的粉会越卡越多，导致眼周呈现一条条“粉纹”，破坏美感。中指按压使鼻翼、嘴角不浮粉。鼻翼由于毛孔较大、出油较多，粉底不易服帖，而嘴角由于太干燥也极易浮粉，因此需用中指对这两个部位进行按压，而且要稍加力度。温掌法让粉底更服帖，用温热的掌心分别盖住脸颊和额头，停留 5 秒钟左右，手心的温度可使粉底与皮肤融合得更好。此外，把手掌放在脸骨处，然后倾斜向上延展提拉，这样可使双颊的底妆看起来更紧致自然。

2. 海绵法

海绵是操作容易、效果好、价格实惠的“三好”专业工具。优点：质地柔软舒适，容易操控，上粉均匀服帖。缺点：易吸收过多粉底造成浪费，使用寿命短。海绵多用于膏状粉底或浓度较高的液体粉底，膏状粉底和粉扑匹配度最佳，能把膏状粉底打得很匀、很帖，而且膏状粉底不易被海绵吸收，不致造成太大浪费。

3. 刷子法

粉底刷是打粉底最专业的工具，优点：能完整地保留粉底的原有质地，刷出的底妆厚薄均匀，使用寿命长，易于清洗保养。缺点：不易携带，需要多加练习才能掌握技巧。适合化妆师或具有较高化妆技巧者。粉底刷适合液体粉底，因液体粉底延展性好，易于用粉底刷刷开、刷匀。

（二）眼妆

1. 眼影

眼影有粉末状、棒状、青状（请作者核）、乳液状和铅笔状之分，颜色多种多样。眼影的首要作用是赋予眼部立体感，并透过色彩的张力，使整个脸庞明媚动人。人们生活妆使用的眼影色彩柔和，搭配简洁，常用的色彩包括浅咖啡色、深咖啡色、蓝灰色、紫罗蓝色、米白色、白色、粉白色、明黄色等。

眼影描画步骤如下：

①以眼影棒沾较深颜色的眼影沿着睫毛边缘，于眼尾往眼头方向约 1/4 处重复涂抹晕淡。

②以眼尾为原点，由睫毛边朝眼窝的方向慢慢涂抹。眼影宽度约 1/4，配合眼球的弧度画出自然妆。

③将眼影晕淡后，用眼影棒在眼窝凹陷处、眼头、眼尾之间来回涂抹，自然强调出眼睑凹陷处的阴影。

④用眼影棒沾明亮色系的眼影，以眼头为起点，由睫毛边缘朝眼窝涂抹，再与眼窝及近眼尾处的眼影相互重叠，使层次感更强烈。

⑤眉骨可用眼影刷沾明亮色系的眼影，左右刷抹，直到眼窝全部刷满为止，中间勿留空隙。以第①—③步中使用过的眼影棒（不需再沾眼影），直接抹在下眼睑近眼尾 1/4 处，距眼头 3/4 处，可用眼影棒沾第④步使用过的亮色眼影。

2. 眼线

眼线描画步骤如下：

①找准睫毛根部，用指腹将眼皮拉起露出睫毛根部，画时将睫毛缝隙一点一点地填满，不能留白，否则很难看。

②一点一点地描画眼线。画时要仔细耐心，眼线笔应贴合睫毛根部，否则容易出现断

点和弯曲现象，若方向出现弯曲，可用化妆棉进行调整。

③眼尾拉长，眼线画到眼尾时应略微上扬，这样画出的眼线可以美化眼形，使之更加完美漂亮。画眼线时，只需在眼尾略微上扬即可，上扬的这一笔要流畅，一笔到位。

④上眼线画毕，可用化妆棉顺着眼线的边缘向外慢慢地晕染，使眼线和眼影之间产生渐变的效果，眼睛看起来自然而且更加深邃。

⑤下眼线在眼妆中起着呼应上眼线的作用，可以使眼睛看起来更大更有神。画下眼线时，一定要让下眼线和上眼线连接起来，并且要注意填满眼角的空白处，画毕眼妆就基本成型了。

⑥描画眼头。细心地勾画眼头可以使眼睛更漂亮，稍微拉起上眼皮露出眼头的位置，顺着眼头的弧度，用眼线笔细心地勾画，也可适当延伸出去一点，会使眼睛产生更长一点的效果。

3. 睫毛膏

睫毛膏套装通常包括刷子以及内含涂抹用颜料且可收纳刷子的管子两部分，刷子形状有弯曲形、直立形两种，睫毛膏的质地可分为霜状、液状与膏状。

刷睫毛膏技巧如下：

①挑选一只与自己的眼形弧度相吻合或者接近的睫毛夹。睫毛夹跟眼睛的弧度对齐，使睫毛夹的弧度能与睫毛的根部贴合：睫毛夹跟睫毛贴合后，轻轻用力，将睫毛向上提拉60°。夹睫毛时切勿心急、使劲，否则效果可能不佳。

②稍微用力将睫毛向上提升到9°，然后拉放睫毛夹，慢慢向外、向上地夹到睫毛的尾部。

③一手将眼尾部分斜拉向眼头，使眼尾的睫毛完全露出来，再用睫毛夹对这部分睫毛进行加强处理。

使用螺旋形的睫毛刷从上到下地对睫毛进行梳理，使之烫贴顺畅。蘸取适量的睫毛膏，刮除多余的膏体，从睫毛根部开始向上涂刷睫毛，逐次增加用量，先在瓶口对睫毛膏的用量进行调整，然后采用“Z”字形的方法，从睫毛的根部开始，向上涂刷睫毛，使睫毛变得丰盈；多刷几次，对睫毛的根部进行加强处理，使睫毛的基底更牢固，打造出如同内眼线般的自然突出，在眼头睫毛较稀疏处，可以把睫毛刷竖起来，用尖端涂刷；更换小号刷头，进行左右涂刷，使下睫毛也能发挥增大眼睛的作用；最后，检查下睫毛是否沾有睫毛膏，若有则用棉花棒蘸取适量的乳液，对之进行擦拭即可。

4. 眉妆

眉形应与脸形、个性、肤色、妆色协调。眉头与眉尾的颜色淡，眉腰到眉峰的颜色最深。两头淡、中间深、上下虚，使眉毛更有立体感。

（1）眉形与脸形的搭配方式

①标准脸形：根据人物特点选择适合的眉形。

②圆形脸：适合长扬的眉形，使脸部相应地拉长。眉毛可以描画出眉峰。眉峰如果在眉中的话，会使眉形显得太圆，故眉峰的位置可以靠外侧1/3处，眉峰形状切勿太锐利，否则会与脸形差异过大，画出的眉形略有上扬感即可。眉间距可以近一些，眉形不宜太长。

③方形脸：适合短眉形。眉形可以略微上扬，不可太细太短，眉间距不宜过窄，在眉毛 1/2 处起眉峰，眉峰圆润、眉头略粗即可。

④长形脸：适合长眉形。若画上扬眉，脸会显得更长，描平眉会使脸形显得短一些。眉形可以是粗粗的、方方的卧蚕眉，这种眉形会使眉毛在眼上显得有分量。在眉毛 2/3 处起眉峰，眉峰略平缓，眉间距略宽。

⑤三角形脸（由字形脸）：适合长形眉，不适合描画有角度的眉形。眉形要大方，小气的眉毛会更加强调下半部分的分量。眉毛不宜太粗，眉间距不宜太窄。在眉毛 2/3 处起眉峰，眉头略粗。

⑥逆三角形脸（甲字形脸）：适合描画较为柔和、稍粗的平眉，这种眉形可使额头显得窄一些，以缩短脸的长度。眉形略有一些曲线感，线条可略细，不宜太粗厚，眉间距不宜太宽。在 1/2 处起眉峰，线条略细，眉形不宜太长，眉峰宜圆润。

⑦菱形脸（申字形脸）：适合长眉形。这种眉形显得轻松自然。在眉毛 1/2 略外一点起眉峰，眉峰的角度宜圆润、柔和。

（2）眉毛描画步骤

①用眉笔定位出眉尾，用平滑的线条将两端连接起来，上侧线条不宜太直，应有略微下垂的弧度。

②接着，下侧依然用平缓的弧度从眉头连接到眉尾，此时应注意，眉尾和眉头应保持在同一水平线上。

③补画好上侧眉毛的眉线，从眉头画出一条平直线的交点，然后再用平缓的弧度连接眉尾。

④填充已经定好框架的眉形，最后可能发现眉头会有留白甚至画得不均匀。

⑤用干净的棉棒或者手指，把不均匀的地方轻轻向鼻梁方向推，把颜色晕开，眉头就自然很多了。

⑥最后，用眉笔的另一头按照眉毛走势梳理整齐。

（3）常用画眉工具

①眉笔。是最常见的画眉工具，有铅笔式和推入式两种。当今各种画眉工具流行，眉笔已不是必备化妆工具。但是，仍然有很多化妆师用眉笔画眉，原因在于眉笔画的眉形更加灵活、有型。

②眉粉。眉粉是一种粉状物质，使用方法：用眉粉刷沾上眉粉，置于手上将颜色调匀，然后从眉峰画到眉尾，再画眉头，最后用眉刷将眉毛刷匀即可。眉粉画眉的效果比眉笔更自然，操作也更简单。

③染眉膏。近几年开始流行染眉膏，最先在日本流行，跟染发的原理差不多。使用方法：用染眉刷将染眉膏均匀地涂在眉毛上，因此染眉膏的适用对象必须有眉毛。染眉膏能够改变眉色，使眉毛更有立体感。

④眉胶。眉胶是凝胶状质地的物品，能快速地突出眉毛轮廓，使眉毛更有立体感。眉胶可以加深颜色，增强眉毛的服帖度，有助于塑造立体眉形。

以上四种画眉工具，最常见和使用最普遍的是眉笔和眉粉。

（三）唇妆

唇妆一直是时尚妆容的点睛之笔。自古以来，点染朱唇就是女性美的焦点，可见唇妆对女性的重要性。女性出门或许可以不打粉底，不打腮红，但不能不涂口红。除了迷人的眼妆，嘴唇也是非常引人注目的部位，性感靓丽的嘴唇会为你的整体形象增色不少。

1. 唇线笔

唇线笔是英国人 1948 年发明的，可以有效地改善唇形细节。嘴唇也是整个脸部妆容中最吸引人的地方，唇线笔可以修饰嘴唇过厚、过薄等缺陷，使之变得更加秀美。因此唇线笔是唇妆的一大重点。

（1）唇线画法

①内描法：将轮廓线画在原有唇形稍内侧，适合于双唇大而厚的嘴唇。

②外描法：在唇的稍外侧描出轮廓线，使唇部丰满起来，适合薄而小的嘴唇。

③直线法：按照唇形轮廓描出带锐角的直线，适合双唇大小适中的嘴唇。

④ 1/3 唇线法：这种唇形呈山形，起伏深，给人以感情丰富之感觉。

⑤ 1/2 唇线法：上唇山形最高处恰在口角和中心线中间，其高度与相应位置的下唇厚度相同，上下唇轮廓线匀称，是大众化的唇形。

（2）唇线笔选择注意事项

①向外扩或向里缩的范围最好不超过本来嘴唇轮廓的 1 ～ 1.5 毫米。

②唇线笔的颜色选择必须接近嘴唇原色。

③过薄的唇：切忌用唇线笔画满整个嘴角。

④过厚的唇：嘴角处要比原来的嘴角分别向外画出一点，切勿太多，从而使整个线条比较自然流畅。

⑤过小的唇：唇线笔画上唇线时略略扩展，最关键的是要扩展下唇线。

⑥过大的唇：轮廓线要尽量往里描画。

2. 口红

口红是唇膏，唇棒的一种，是让唇部红润有光泽，滋润，保护嘴唇，增加面部美感及修饰唇部轮廓，起衬托作用的一种产品，是女性必备的美容化妆品之一，可突出女性之性感、妩媚。口红是涂抹于唇部，赋予美感和光泽的化妆品，其形式有棒状、铅笔状和软膏状等，但最普通的是棒状。铅笔状口红主要用于描画嘴唇轮廓线，一般是红色。口红的基本分类：唇彩、保湿口红、持久口红。

（四）修饰

1. 腮红

腮红使用后会使面颊呈现健康红润的颜色。如果说，眼妆是脸部彩妆的焦点，口红是化妆包里不可或缺的要件，那么，腮红就是修饰脸形、美化肤色的最佳工具。

（1）腮红的种类

①液状腮红：含油量少，或者不含油，使用液状腮红一定要注意控制涂抹晕染的范围。适合偏油性肌肤使用。

②乳霜状腮红：质地柔滑，一次用量不宜太多，控制不好面积会越擦越大。适合偏干

性肌肤使用。

③膏饼状腮红：适合搭配海绵使用，延展效果较佳。可以化出健康流行的油亮妆效，适合偏干性肌肤使用。

④粉末状腮红：质地轻薄，容易控制涂搽范围，适合初学者或偏油性肌肤使用。

（2）腮红修容步骤

①在手背调整腮红的用量。如果直接沾粉就涂，腮红不但不易控制，往往还会色泽太浓，即使补救也效果欠佳。

②从脸颊的中心点（即黑眼珠的下方，与鼻翼水平线的交叉处）开始修容，最重的颜色就会落在脸颊最凸出的地方，粉嫩的好气色自然流露出来。

③腮红横向刷拭较佳。像笔杆标示的水平线一样，往耳朵方向延伸就是腮红刷移动的路线，越往后力道越轻，从颧骨最高处开始，以刷具斜面沿着颧骨下方一直刷到耳朵旁。

④往脸颊中心返回。从后面往脸颊中心返回，用刷具的扁平侧面刷回来，重复刷几遍，腮红颜色与形状就会自然、有层次，所有刷拭都应以颧骨中心颜色最重。

⑤用指腹加强按压腮红。但凡画腮红处都要用指腹再次轻微按摩，目的是使粉末与肌肤更加服帖密合，同时使腮红的晕染范围不再明显，有利于消除腮红涂抹不均匀现象。

（3）标准涂敷法

涂腮红不可低于鼻尖。以眼球外侧为基准，向外扫向太阳穴下方的发际线，即用大胭脂刷沾些胭脂、微微一笑找出颧骨的位置，然后将胭脂轻轻向上斜刷，再用棉片抹去过量的胭脂。

2. 散粉定妆

散粉是化妆品的一种，专业名称为“定妆粉”“蜜粉”。通常含有精细的滑石粉，具有吸收面部多余油脂、减少面部油光的作用，可以全面调整肤色，使妆容更加持久、柔滑、细致，并可防止脱妆。多用于彩妆的最后一步，刷完散粉，就代表妆容完成。此外，散粉还有遮瑕功效，可使妆容看上去更加柔和，尤其适合日常生活妆。因此，欲使妆容精致、持久，利用散粉定妆不可或缺。

不同肤质选择不同工具可产生最佳的效果。散粉工具的选择方法如下：

（1）油性肤质

首选粉扑。粉扑的蘸粉量比较多，与皮肤接触的面积比粉刷大，妆容不容易“脱落”。

（2）中性肤质

首选散粉刷。散粉刷是使用散粉时必不可少的工具。散粉刷的蘸粉量要比粉扑少得多，没有厚重的堆积感。

（3）混合性肤质

适时选用粉扑、粉刷。T 区爱出油的部位选用粉扑，可使整个妆容显得细腻而厚实；当脸颊比较干燥，可考虑选用粉刷。

（4）干性肤质

适合用粉刷轻扫散粉，如果皮肤很干，建议省去上散粉这一步骤，以免发生浮粉现象。

任务三　职场男性妆容

一、职场男性化妆的必要性

案例分享

君子重才也重貌

小王以前在一家科研单位工作，是出了名的“不修边幅”派。有时工作忙起来，经常加班加点，连着好几天都不洗脸，他的皮肤本来就油，经常满面油光，尤其是鼻子、下巴，再加上熬夜，长出许多青春痘，真是格外刺眼。一看见小王“灰头土脸”的模样，父母总忍不住唠叨几句，并叮嘱他注意皮肤清洁及护理，他则辩称“君子重才不重貌”。

一年前，小王跳槽到一家知名企业，经过一段时间的适应，他在工作上逐渐得心应手，总经理也对他委以重任。但是，他总觉得有哪里不对劲。有好几次，他负责的客户高层经理来开会，都没有通知他参加。小王自我反省了一下午，觉得自己外语不错，又熟谙业务，真是百思不得其解。直到有一天，总经理谈到小王的工作表现时，先是大大地赞赏了一番，接着话锋一转，“然而……作为一家知名企业，我们要求员工在各个方面都能够代表公司的形象。”最后，总经理意味深长地说。与总经理谈话后的第二天，小王洗了澡，把胡子刮得干干净净，穿戴整齐，家人看到这一幕都为之欣喜，特地买回了男用洗面奶和润肤露放在洗漱间，几天下来，小王看上去干练了许多。一段时间后，若有客户高层来开会，公司都通知他参加。有一天，小王兴奋地告诉父母，当天的会议开得非常成功，谈成了一项上百万美元的项目。看着他意气风发的样子，父亲不禁翻出他初到公司的“尴尬”场面来逗他，并正色道：“在现代社会，形象代表一个人甚至一个团体的素质。”

【分析】从个人感受出发，每天认真洗脸并进行必要的皮肤护理，可以使人头脑清醒，心情轻松愉快，人也更精神、自信，办事效率自然会大幅提高。可能是清爽利落的形象使公司对小王信心倍增，小王也日益受到公司的器重，很快便升任了部门经理。

职业男性不必像女性那样精心化妆，但整洁的形象还是至关重要的。在工作场合，每当获得“有风度、举止得体”的赞许时，职业男性通常会自信十足，从而促使其工作更加出色。实际上，修饰自己无需花费过多时间，却能获得不少“收益”。因此，职业男性恰当的、必要的修饰，不仅是对自己的职业形象负责，也是交往过程中对他人的一种尊重。

二、职场男性妆容步骤

职场男性妆容的打造在于其整体仪容的塑造，男性妆容的核心包括：面部、胡须、头发、鼻子。

（一）面部清洁及保养

绝大多数人认为，洗面奶是女性清洁面部的专利。其实不然，随着经济和时代的变化以及在越来越差的空气质量的影响下，男性使用洗面奶清洁面部已是家常便饭。由于荷尔蒙的影响，男女肤质存在很大不同，男性皮肤比较粗糙，正确选择洁面产品和清洗方法可能事半功倍。不论男性还是女性，都应该选择弱酸性的洗面奶，对肌肤的伤害才最小。男性肌肤的 pH 值比女性低，约为 4.5 ~ 6.0。从维护肌肤天然酸碱微环境来说，男性选用洗面奶的 pH 值应比女性洗面奶的 pH 值低。相应地，男性肌肤比女性肌肤出油更多，约多 40% ~ 70%，而且有 80%的男性是油性或混合偏油性的肌肤，故男性对洗面奶的清洁力度的要求更高。对于干性肌肤的男性来说，肌肤本身的酸碱度较小，介于 4.5 ~ 4.9 之间，且油脂分泌不旺盛，更适合使用酸性洗面奶。如果洗面奶碱性过强，则会产生强烈的紧绷感，甚至发痒。对于油性肌肤的男性来说，肌肤本身的酸碱度较大，介于 5.7 ~ 6.5 之间，且油脂分泌旺盛，更适合使用偏碱性、去油能力强的洗面奶。

1. 男性肌肤的保养

在清洁皮肤的基础上，选择适合自身肌肤的爽肤水和乳液早晚使用，就能保证肌肤的基础护理。

2. 男性洗面奶的使用方法

先将洗面奶在手掌心搓揉起泡，再用指腹轻轻地按摩脸部，时间不宜太长，但务必彻底清洗整个脸部，包括发际线、鬓角等。请优先选择温和、不刺激的洗面奶（最好为弱酸性），因为洗面奶的主要作用是清洁，停留在脸上的时间非常短，故无须强调太多的护肤成分或功效，除了出油严重的油性肌肤，可能需要添加控油或抑菌的成分外，洗面奶的配方愈单一、愈温和愈好，若含有微小磨砂颗粒，请勿与去角质产品同时使用。可以用冷水或温水将脸冲洗干净，但是，不论是冬天还是夏天，尽量不用热水洗脸。

（二）胡须

作为男性标志——胡须，是男性护肤的重点，但职场不允许蓄须，因此大多数男性每天清晨都要面对剃须工作。剃须后的男性肌肤会有些许肉眼看不见的小伤口，这些伤口需要立即护理，否则感染后难以愈合，从而产生面疱、暗疮等问题。因此，男性剃须后需用专门的剃须膏和须后水进行保养。剃须膏和须后水所含的特殊成分能杀菌，修复受伤的肌肤，舒缓面部肌肤，使其快速恢复正常。男性剃须步骤如下：

①将脸清洁干净，甚至可以按摩一下脸部，促使肌肤表层的衰老细胞及时脱落，提高皮肤深层细胞的活力，为即将到来的剃须工作做好准备。

②用热毛巾热敷脸部 1 分钟，使毛孔充分扩张，剃须会更加容易。

③涂抹剃须膏。在软化胡须的同时，也避免剃须过程中因刮胡刀直接接触肌肤而产生的伤害。

④顺着胡须生长的方向刮，先刮鬓角，再刮两颊和颈部，然后以 26° 角仰望刮下颚，最后刮上唇。因为下颚及上唇的胡子更厚、更多，需要更长的软化时间。如果觉得不够干净，还可以逆着胡须生长的方向再刮一次。

⑤用毛巾轻轻擦干肌肤，拍上须后水。双手以轻拍的方式将须后水搽到下巴、唇部，再用须后乳或具有舒缓作用的保湿产品滋润剃须过程中受损的肌肤。

（三）头发

清爽、整洁而干净的头发是职场男性必备妆容，尤其不能留光头。男性头发造型首先保证头发清洁，选择适合自己发质的洗发水和护发素非常重要。男性职场发型必须符合职业要求。

（四）鼻子

男性妆容应特别注意鼻腔的清洁，即对鼻毛进行处理，切勿出现鼻毛“探头探脑”的情况，否则容易影响一个人的整体职业形象。修剪鼻毛是最基本的生活细节，关乎一个人的生活态度。鼻毛是人体重要的组成部分，它对吸入的空气起过滤清洁的作用，极大地避免了有害尘埃的侵袭和细菌的滋生。若拔除鼻毛，无疑是主动解除鼻子的防卫功能，其结果就是细菌、有害尘埃长驱直入，直接进入人的上呼吸道，极易引起上呼吸道的感染。此外，拔除鼻毛后，毛囊因之受损，细菌乘机侵入，可能引起鼻疖发生。可见，拔除鼻毛会大大削弱鼻腔防御疾病的能力。因此，修鼻毛提倡用“剪”，而不是“拔”。修剪鼻毛的注意事项：首先，修理工具应清洁消毒。鼻腔黏膜非常脆弱，在修剪鼻毛过程中如果器具不干净，甚至携带细菌，很容易发生鼻道感染，一不小心就会损伤鼻前庭的皮肤或黏膜，引起出血，并将细菌直接引入伤口，引起鼻疖。因此，修剪鼻毛前，应先对修理工具进行清洁消毒。其次，修剪鼻毛应尽量选择光线充足处进行。

课堂作业

结合本章学习内容练习化妆，并进行拍照，每人至少提交三张化妆照片。

____

____

____

____

模块八
情绪管理

模块导读

情绪是一种外因与内因相结合的综合体现和表达，外因是条件，内因是本质。外因是表象和导火索，内因是本源和火药库，起决定性与关键性的作用。职场中，如果能对情绪进行良好的管理和及时、有效的疏导，就能为自己的职场生涯创造更多、更优质的机会、机遇与空间。

学习目标

1. 了解情绪的内涵及分类。
2. 掌握如何进行情绪管理。
3. 熟悉情商的内涵。

任务一　情绪的概述

一、情绪的定义

比较流行的观点：人类在不断认识和改造客观世界时，会产生高兴、愤怒、悲哀等一系列复杂的心理现象，我们把这种人对客观事物满足自己的需要而产生的态度体验及相应的行为反应称为情绪。正如渴求上学的人获得了社会援助就会欣喜和感恩。

情绪是多成分的复合过程，情绪成分包括内在体验、外显表情和生理激素三种成分。认识过程是平淡无奇的，情绪则是独特的主观体验色彩，具有愉快、享乐、忧愁或悲伤等多种色调；情绪有特殊的外显表情，特别是面部表情尤为特殊化；神经系统一定部位的激活，便为情绪的发生和活动提供能量。例如，中枢神经系统脑干下的下丘脑、松果体、前额皮层，以及外周神经系统和内、外分泌腺等。

我们认为，每个人的身上，都有一种神奇的力量，它可以使你精神焕发，也可以使你萎靡不振；它可以使你冷静理智，也可以使你暴躁易怒；它可以使你安稳从容地生活，也可以使你惶惶不可终日。总之，它可以强化你，也可以削弱你，可以使你的生活充满阳光与快乐，也可以使你的生活抑郁、暗淡无光。这种能使我们的感受产生变化的神奇力量，就是情绪。

二、情绪的分类

关于情绪的类别，长期以来中外说法不一。我国古代有喜、怒、忧、思、悲、恐、惊的七情说；美国心理学家普拉切克提出了八种基本情绪：悲痛、恐惧、惊奇、接受、狂喜、狂怒、警惕、憎恨；还有心理学家提出了九种类别。虽然类别众多，但公认的四种基本情绪为快乐、愤怒、恐惧和悲哀。

（一）快乐

快乐是指一个人盼望和追求的目的达成后产生的情绪体验。由于需要得到满足，愿望得以实现，心理的紧迫感和紧张感得以解除，快乐会随之产生。快乐有强度之分，从愉快、兴奋到狂喜，这种差异与所追求的目的对自身的意义及实现的难易程度有关。

（二）愤怒

愤怒是指所追求的目的受到阻碍，愿望无法实现时产生的情绪体验。愤怒时紧张感增加，甚至失控出现攻击行为。愤怒也有程度上的差别，普通愿望无法实现时，只会感到不快乐或生气，但是遇到不合理的阻碍或恶意破坏时，愤怒就会急剧爆发。这种情绪对人类身心的伤害也很明显。

（三）恐惧

恐惧是企图摆脱和逃避某种危险情景而无力应对时产生的情绪体验。所以，恐惧的产生不仅是因为危险情景的存在，还与个人排除危险的能力和应对危险的手段有关。一位初次出海的人遇到惊涛骇浪或者鲨鱼袭击会感到恐惧无比，而一名经验丰富的水手对此可

能已经司空见惯，泰然自若。婴儿的恐惧情绪表现较晚，可能与其对恐惧情景的认知较晚有关。

（四）悲哀

悲哀是指失去心爱之物，或理想、愿望破灭时产生的情绪体验。悲哀的程度取决于失去之物对自己的重要性或价值。悲哀时释放的紧张情绪，可能会导致哭泣。当然，悲哀并不总是消极的，有时它还能够转化为前进的动力。

这些人类最基本的情绪与动物的情绪表现有本质的不同。因为即便是人的生理性需求也要打上社会的烙印，人们不再茹毛饮血，只考虑吃、穿、住、喝的需要，还会考虑适当的方式和现有的社会条件。

（五）心境

心境是一种使人的一切其他体验和活动都染上情绪色彩的情绪状态。它是持续的、微弱的、平静的。心境的最大特点是弥漫性。生活中的事件，例如事业的成败、工作的顺利与否、周围人的关系好坏；身体状态例如健康程度、疲劳、睡眠情况等都影响心境。但是有些影响心境的因素，人们还远未认识到。心境是一种具有感染性的、比较平稳而持久的情绪状态。当人处于某种心境时，会以同样的情绪体验看待周围事物。例如，人伤感时会见花落泪，对月伤怀。心境充分体现了“忧者见之，则悲；喜者见之，则喜”的弥散性特点。平稳的心境可持续几小时、几周或几个月，甚至几年以上。

（六）激情

激情是一种爆发性、强烈而短暂的精神体验。例如，突如其来的外在刺激，会使人产生勃然大怒、暴跳如雷、欣喜若狂等情绪反应。在这种激情状态下，人的外部行为表现十分抢眼，生理性唤醒程度较高，因而很容易失去理智，甚至做出出格的过激行为。因此，在激情状态下，要注意调控自己的情绪，以免冲动行事。处于激情状态下的人，认知范围往往会变小，仅指向与体验有关的事物；相应地，理智分析能力随之减弱，往往不能约束自己的行为，不能正确地评价自己行为的意义和后果。激情持续时间较短，通常由一个人生活中的重大事件、对立意向（要求）的冲突、过度抑制或兴奋等因素引起。激情也有积极和消极之分，积极的激情可以转化为人们积极行动的巨大力量。

（七）应激

应激是出乎意料的紧张状态所引起的情绪反应。在突如其来或十分危险的条件下，必须迅速地、几无选择余地地做出决定的时刻，很容易出现应激反应。当面临危险或突发事件时，人的身心就会处于高度紧张状态，极易引发一系列生理反应，如肌肉紧张、心跳加快、呼吸变快、血压升高、血糖增高等。例如，遭遇歹徒抢劫时，人极易产生上述生理反应，从而积聚力量进行反抗。当驾车遭遇危险时刻，尤其是遭遇巨大自然灾害时，特别需要人们根据自己的知识、经验，集中意志力，迅速地判明情况，果断地做出决定。在应激状态下，人可能有两种表现：一种是目瞪口呆，手足无措，陷入一片混乱当中；另一种是头脑清醒，急中生智，动作准确，行动有力，能及时摆脱困境。对抗应激状态是可以训练的，但应激状态相当消耗人的体力和心理能量，故不能维持太久。若长时间处于应激状态，可能导致适应性疾病发生。

三、七大积极情绪和七大消极情绪

积极情绪是指个体由于体内外刺激、某一事件满足个体需要产生的伴有愉悦感受的情绪。积极情绪能够激活一般的行动倾向，对于认知具有启动和扩展效应，能够建设个体的资源，撤销消极情绪产生的激活水平，能够促进组织绩效。积极情绪是心理健康的重要组成部分，同时对身体健康具有促进作用。积极情绪对于个体的适应具有广泛的功能与意义。

消极情绪是指在某一具体行为中，受外因或内因影响产生的不利于继续完成工作或者正常思考的情感。消极情绪因人、因时、因事而异，产生原因可能包括：对“应激源”产生的反应；在工作、学习或生活中遭受了挫折；受到他人的挖苦或讽刺；莫名其妙地情绪低落等。克服方法：自我美化法、自我暗示法、宣泄法、转移法、冷静分析法。

七大积极情绪包括爱、性、希望、信心、同情、乐观、忠诚。

七大消极情绪包括恐惧、仇恨、愤怒、贪婪、嫉妒、报复、迷信。

下面，大家一起来做一份有趣的心理测试，看看你的情绪是否稳定。

自我测试

对下列题目作“是”或“否”的回答，“是”请在下面的对话框打“√”，“否”请在下面的对话框打“×”。

1. 尽管发生了不快，仍能毫不在乎地思考别的事情。（　）
2. 不计小隙，经常保持坦率、诚恳的态度。（　）
3. 习惯于把担心的事情写在纸上并进行整理。（　）
4. 在做事情时，往往具体规定有可能实现的目标。（　）
5. 失败时仔细思考，反省其原因，但不会愁眉不展，整天闷闷不乐。（　）
6. 具有悠闲自娱的爱好。（　）
7. 常常倾听他人的意见。（　）
8. 做事有计划地积极进行，遇挫折也不气馁。（　）
9. 无路可走时，能够改变自己的生活方式和节奏，以适应生活。（　）
10. 在学业上，尽管别人比自己强，但仍保持“我走我的路”的信条。（　）
11. 对自己的进步，哪怕只是一点点，都会高兴地表示。（　）
12. 乐于一点一滴地积聚有益的东西。（　）
13. 很少感情用事。（　）
14. 尽管很想做某一件事，但自己估量不可能时也会打消念头。（　）
15. 往往理智、周密地思考和判断，不拘泥于细枝末节。（　）

测试结果：每题选择“是”计1分；“否”不计分。然后将各题得分相加，算出总分。

0～6分：你的情绪不是很稳定，经常患得患失，不能很好地生活。常常拘泥于一些小事，无论做什么都过分认真，总是忙忙碌碌，耗费心机。难以做出重大的决策，一丝不苟反而使自己感觉迟钝。

7～9分：情绪一般稳定。

10 ~ 15 分：你的情绪很稳定，有很好的处理事物的方法、判断及思考等，不拘泥于细枝末节，能积极、大胆地处理一些事情，在各种困难面前毫不动摇。

任务二　情绪管理

一、情绪管理的内涵

情绪管理是指一个人对情绪的理解和敏感的程度，以及对情绪的控制能力。人的情绪管理能力差别很大，与遗传因素、后天环境和努力的关系密切。情绪管理能力强的人，能够理解情绪的本质，控制自己的情绪，时刻生活在轻松愉悦的心境中，生活幸福快乐。情绪管理能力弱的人，不知道该如何面对自己的情绪，甚至被情绪所左右，经常处于悲苦的心境中。因此，情绪管理能力的高低直接关系到一个人的生活质量。它可以学习，也可以经过努力不断提高。

二、情绪的影响

情绪对人们的心理健康，对人们的生活、学习和工作有重要影响。“心宁则智生，智生则事成。”我国儒家经典著作《大学》曰：“知止而后有定，定而后能静，静而后能安，安而后能虑，虑而后能得。”可见，情绪影响理智的思维和行动；情绪的好转带来理智的思维和行动；情绪的失控可能导致异常糟糕的后果。切勿在冬天砍树，也不要在情绪低落时做决定，这样很容易失去理智。

案例分享

有一天，德国化学家奥斯特瓦尔德牙痛难忍，情绪很坏。他拿起一位不知名青年寄来的稿件粗略看了看，觉得满纸都是奇谈怪论，顺手将其丢进了纸篓。几天后，他的牙痛好了，心情也好多了，而那篇稿件中的一些奇谈怪论又在他的脑子中闪现。于是，他急忙从纸篓里把它捡出来重读一遍，结果发现这篇论文很有科学价值，他马上给科学杂志社写信，极力加以推荐。这篇论文发表后轰动了学术界，该论文的作者后来获得了诺贝尔奖。

案例分享

斗鸡的心理战术

周宣王很喜欢观看斗鸡，他的门下有位专门驯养斗鸡的纪渻子。有一天，有人从外地送来一只很强壮的斗鸡给国王，周宣王很高兴地将它交给纪渻子。过了几天，周宣王便问道：“几天前交给你的斗鸡，你训练得怎么样了？可以上场比斗了吗”纪渻子说：“还可以，因为这只鸡血气方刚，斗志昂扬，还不宜上场。”再过几天，急性的周宣王又问同样的问题，纪渻子回答说：“还不能上场。因为这只鸡看到其他鸡的影子，就会冲动，所以还不能上场。”又过了几天，周宣王再问。这回，纪渻子便说：“可以了！因为当它看到其他斗鸡，听到它们的声音时，宜动不动，它的心已不受外物所动，就像木鸡一样，现在可以上场了！”

于是，周宣王便用这只鸡去参加斗鸡，它一上场就稳稳站立，毫无摆动，即使其他斗鸡在它身边百般挑衅，它仍然无动于衷，以眼睛注视对方，对方被吓得自然后退，没有一只鸡敢向它挑战。

情绪健康、心胸开阔，是维系正常人际关系的纽带。一个微笑、一次握手、一个诚挚的眼神、一个友好的动作、一句温暖的话语，都会起到沟通心灵、增进友谊的效果；而冷漠、自卑、暴躁等不良情绪会影响人际交往，妨碍团结和友谊，影响身心健康。情绪是一种心理活动，也是一种生理活动，情绪的变化会引起生理上的变化。

①积极情绪可以提高人的免疫能力。美国作家卡森，曾患一级致残的脊椎病。医生预言，他存活的可能性只有0.2%。可是，卡森经常阅读幽默小说、看滑稽电影；每大笑一次，他就觉得病痛减轻了很多，浑身舒服一阵。于是，他坚持这种“大笑疗法”，病情逐渐好转，几年后竟奇迹般恢复了健康。

②消极情绪破坏人的身体健康。医学研究表明：情绪不佳时，人体内MKT细胞的活性下降，不能战胜体内病毒，最终形成疾病。研究者还发现，老年人在丧偶后的半年内，死亡率比同龄人高5倍，原因在于悲观情绪破坏了免疫功能。人情绪低落时，体内会分泌一种毒性荷尔蒙，这些荷尔蒙聚集起来，会形成和漂白粉一样的分子结构，对人体产生不利影响，极度恐惧的情绪还可能导致机体死亡。

③古代阿拉伯学者阿维森纳曾做过情绪实验。他将一胎所生的两只羊羔置于不同的外部环境中生活：一只小羊羔随羊群在水草地快乐地生活；而另一只羊羔旁拴了一头狼，这只小羊羔总是面临着那头狼的威胁，在极度惊恐的状态下，它根本吃不下任何东西，不久就因恐惧而死亡。此外，医学心理学家还用狗做嫉妒情绪实验：将一只饥饿的狗关进铁笼子里，让笼子外面的另一只狗当着它的面吃肉骨头，笼内的狗在急躁、气愤和嫉妒的负面情绪影响下，产生了神经性的病态反应。

④恐惧、焦虑、抑郁、嫉妒、敌意、冲动等负面情绪，是一种破坏性的情感，长期受这些负面情绪的困扰就很容易导致心理疾病的发生。一个人在生活中对自己的认识和评价与本人的实际情况越符合，他的社会适应能力就越强，就越能把压力变成动力。

三、为什么要管理情绪

情绪的失控容易导致行为的冲动。情绪的失控容易导致失去理智，而失去理智，则冲动难免发生。

案例分享

成吉思汗“盛怒杀爱鹰”

相传成吉思汗曾“盛怒杀爱鹰”。有一天，他带着心爱的老鹰上山打猎，干渴难耐时发现山谷某处有少量水渗出，便耐着性子用杯子接那滴流而下的泉水，在接满水准备喝的那一刻，杯子却被老鹰扑翻在地，如此这般反复了两次。成吉思汗勃然大怒，一气之下杀了爱鹰。之后，当他寻找高处的水源地时，发现原来爱鹰不让他喝水并不是出于逗弄，而是因为水源地有一条死去的毒蛇尸体。由此可见，成吉思汗在盛怒那一刻已然被情绪“绑架”，从而阻断了他合理的思考过程，最终酿成大错。

思考：你曾受强烈情绪（比如愤怒）的驱使产生过冲动行为吗？

____

____

____

____

控制不了情绪，可能会造成不可挽回的后果。

案例分享

一个有着坏脾气的男孩，他的父亲送给他一袋钉子，并且告诉他，每当他发脾气的时候，就钉一颗钉子在后院的围栏上。第一天，这个男孩钉了37颗钉子！慢慢地，每天钉下钉子的数量在减少，他也渐渐学会了控制自己的脾气。终于有一天，这个男孩不再乱发脾气。父亲又告诉他，从现在开始，每当他能控制自己脾气时，就拔出一颗钉子。日子一天天过去，直到有一天男孩告诉父亲，他终于把所有钉子都拔出来了。父亲牵着他的手来到后院，指着围栏上的那些洞说道："你做得很好，我的孩子。但是你看围栏上的这些洞，这些围栏将永远不能恢复到从前。你生气时说的话就像这些钉子留下的疤痕一样，不管你说多少次对不起，那个伤口将永远存在。钉子留下的疤痕就像真实的伤痛一样令人无法承受。"

①人际关系取决于一个人情绪表达是否恰当。当我们毫无遮掩地宣泄自己的情绪时，在无形中就会破坏与周围人的和谐关系，如同被打破的杯子，就算粘合得再好也有缝隙。倘若任由我们的负面情绪在他人面前决堤，丝毫不加控制，久而久之，就会被人视为难以相处之人，甚至不再来往。

②恶劣情绪具有传染性，极易产生连锁反应。在心理学上，有一个著名的"踢猫效应"：一位父亲在公司受到老板的批评，回到家就把沙发上跳来跳去的孩子臭骂了一顿。孩子心里窝火，狠狠地踹了几脚身边打滚的猫。猫受到惊吓逃到街上，迎面一辆卡车开来，司机赶紧避让，却撞伤了路边的孩子，描绘的正是一种典型的坏情绪的传染性。

综上所述，做好情绪管理事关一个人的事业成败，甚至一生的美满和幸福。所以，我们一定要小心谨慎地处理自己的情绪，做自己情绪的主人。

四、如何进行情绪管理

情绪能不能管理？很多人认为不能，感觉自己就是这个脾气，想改也改不了。其实这种看法是不正确的，情绪不但可以管理，而且它的自主性更高。因为人是自己情绪的真正主宰，完全可以做自己情绪的主人，与他人没有太多关系。人的情绪控制能力与学识高低并无直接联系，人在愤怒时，常常控制不住"手劲"，一"失手"可能就是一生无法弥补的遗憾。因此，我们必须提高情绪的管理能力，试着让激动和盛怒降温；动不动就愤怒的人，显示的是无法自我驾驭情绪。由此可见，管理情绪是一件非常重要的事情，是做情绪的主人，还是奴隶？完全取决于我们自己。一般来说，管理情绪有两大步骤：

（一）察觉自己的情绪

进行情绪管理，第一步要正确察觉自己的情绪。当人产生某种情绪时，表示生活中受到刺激而引发警报。与此同时，若人能察觉到情绪的产生并认知情绪的种类，不但可以延缓情绪的爆发瞬间，并且还能有针对性地进行管理。因此，我们应时时提醒自己："我现在的情绪是什么？"特别是发现自己情绪异常时，应特别警觉。

（二）采取相应的行动

情绪如潮水，有潮涨就有潮落。有人认为，在情绪冲动时等待退潮肯定很难，一定需要巨大的毅力与意志。其实不然，在情绪的把握上，有时仅仅只需几分钟或者很简单的行为。所以，当情绪波动时，只要我们懂得把握分寸，有时甚至只需一分钟的考量，就可以避免许多麻烦甚至不幸。调试情绪的方法主要有以下几种。

1. 注意力转移

注意力转移法就是把注意力从引起不良情绪反应的刺激情境中，转移到其他事物上，或者从事其他活动的自我调节方法。当情绪不佳时，要把注意力转移到使自己感兴趣的事物上，例如：散步、看电影、读书、打球、下棋、聊天、换环境等，这些活动都有助于安抚情绪，在活动中寻找新的快乐。

案例分享

爱巴的故事

在古老的西藏，有一位名叫爱巴的人，每次和人生气、起争执时，他都以很快的速度跑回家，绕着自己的房子和土地跑三圈，然后坐在田边喘气。爱巴工作非常勤奋努力，他的房子越来越大，土地也越来越广。但不管房子和土地有多么广大，只要与人起争执、生气时，他都会绕着房子和土地跑三圈。"爱巴为什么每次生气都绕着房子和土地跑三圈呢？"所有熟悉他的人都想不明白，但不管怎么问，爱巴都不愿明说。随着时间的推移，爱巴很老了，他的房子和土地也变得巨大无比。直到有一天，他生了气，拄着拐杖艰难地绕着土地和房子转圈，等他好不容易走完三圈，太阳已经下山了，爱巴独自坐在田边喘气。孙子在一边恳求他："阿公，您年纪这么大了，这周围也没有人的土地比你的更广大，你不能再像从前那样，一生气就绕着土地跑三圈了。还有，你能不能告诉我，你一生气就绕着房子和土地跑三圈的秘密？"

爱巴终于说出了隐藏在心底多年的秘密，他说："年轻的时候，我一和人吵架、争论、生气，就绕着房屋和土地跑三圈，边跑边想自己房子这么小，土地这么少，哪有时间去和别人吵架呢！想到这里气就消了，把所有的时间都用来努力工作了。"孙子又问："阿公！现在你年老了，又变成最富有的人，为什么还要绕着房子和土地跑呢？"爱巴笑着说："我现在还是会生气，生气时绕着房子和土地跑三圈，边跑边想，自己房子这么大，土地这么多，又何必和人计较呢？一想到这里，气就消了！"

2. 适度宣泄

压抑的心情只会加重情绪困扰，而适度宣泄则可以释放不良情绪，从而使紧张情绪得以缓解、放松。发泄方法主要有大哭、剧烈运动（跑步、打球等）、放声大叫或唱歌、向他人倾诉等。

案例分享

一天，美国前陆军部长斯坦顿向总统林肯抱怨，有一位少将用侮辱的话指责他偏袒一些人，林肯建议斯坦顿，写一封内容尖刻的信回敬那家伙。斯坦顿立刻写了一封措辞强烈的信，拿给林肯看。“对了，对了。”林肯高声叫好，“要的就是这个！好好训他一顿，还真写绝了，斯坦顿。”但是，当斯坦顿把信折好装进信封时，林肯却叫住他，问道：“你干什么？”“寄出去呀。”斯坦顿有些摸不着头脑了。“不要胡闹，”林肯大声说，“这封信不能发，快把它扔进炉子里，凡是生气时写的信，我都是这么处理的。这封信写得很好，写的时候你已经解了气，现在感觉好多了吧，那么请你把它烧掉，再写第二封吧！”

3. 自我安慰

面对我们无法改变的现实，要学会安慰自己，追求“精神胜利法”。这种方法，对于帮助人们在大的挫折面前接受现实，保护自己，避免精神崩溃是很有益处的。例如，同样是面对诸葛亮，周瑜抱着“既生瑜，何生亮”的怨恨，最终怀恨身亡。而司马懿一句“诸葛亮真神人也”，表达了“吾不如”的自谦，顶着敬贤的光环，最终成就一代霸业。

因此，当人们遇到情绪问题时，经常用“胜败乃兵家常事”“塞翁失马，焉知非福”等话语进行自我安慰，可以摆脱烦恼，消除抑郁，达到自我安慰、自我激励的目的，从而带来情绪上的安宁和稳定。

4. 自我暗示

自我暗示分消极的自我暗示与积极的自我暗示两种。积极的自我暗示，在不知不觉中对自己的意志、心理乃至生理状态都会产生积极的影响。积极的自我暗示令我们保持好的心情、乐观的情绪、自信心等，例如不断地对自己默语“我一定能行”“不要紧张”“不许发怒”等。

5. 冷静暗示

美国临床心理学家阿尔伯特·艾利斯在20世纪50年代创立了理性情绪疗法，其核心是去除非理性的、不合理的信念，建立正确的信念。非理性信念的特点是绝对化、过分概括化、糟糕透顶，如与上司争论或吵架后产生许多非理性想法而导致情绪异常。因此，我们应当冷静下来，反思自己的情绪，明白当前所处的状态，弄清事件的来龙去脉，增加情绪反应的选择性。发脾气是人的本能；而能把脾气做到收放自如，那就叫本事！不能控制情绪的人，给人的印象就是不成熟，做事不靠谱。说哭就哭，爱耍脾气的行为发生在小孩身上，可以说是天真烂漫，若发生在一个成年人身上，则会为人所诟病。因此，不管处于何种负面情绪，都应暂停、中断目前的情绪，让自己先冷静下来。“当你气愤时，要数到十再说话！”审慎再三，理智面对当前情况是不二之选。

6. 改变思维，调整心态

情绪的发生是无法避免的，时至今日我们还无法完全了解情绪从何而来；或者我们的需要还不见得都能得到满足。这时我们必须转换思路，学会反向思考问题。王安石曾写下与“情绪智慧”有关的诗句：“风吹屋檐瓦，瓦坠破我头。我不恨此瓦，此瓦不自由。”这就是一种思维的调整。

只要心态正确，心情就会变好，情绪也相对稳定。每个人的情绪不同往往不是因事物本身引起，而是取决于每个人看待事物的不同思维方式。在不利的环境中，人们不妨换一种思维方式，找出对自己有利的方面，“苦中作乐”。若总是在不利的圈子内打转，你就看不到光明，只会忧心忡忡，徒增烦恼。

任务三　情　商

一、情商的概述

（一）情商的内涵

情商意味着有足够的勇气面对可以克服的挑战、有足够的度量接受不可克服的挑战、有足够的智慧来分辨两者的不同。

情商（EQ，EmotionalQuotient）这个概念由美国心理学家在20世纪90年代首次提出。它是指个人对自己情绪的把握和控制，对他人情绪的揣摩和驾驭，以及对人生的乐观程度和面临挫折时的承受能力等。简言之，情商是指一个人在情绪方面的管理能力。

（二）情商所包含的能力

通过对情商的研究发现，与个人生活息息相关的“情商”，是指个人在情绪方面的整体管理能力。具体来说，情商包含以下五种能力：

①能认识自身的情绪，并能在生活中利用它做出正确的决定。

②能妥善管理自己的情绪，而不是成为情绪的奴隶，既不会因沮丧或焦虑而意志消沉，也不会因愤怒而丧失理智。

③自我激励，既能面对挫折咬牙坚持，也能为了终极目标疏导自己一时的冲动情绪。

④能认识他人的情绪，善于换位思考问题。

⑤能和谐而有技巧地处理人际关系。

二、情商的重要性

案例分享

20世纪60年代，美国心理学家瓦尔特在斯坦福大学的一所幼儿园做了一个著名的实验。在实验中，他事先在仅有4岁的儿童面前放上一颗棉花糖，并告诉他们：“你们可以吃掉这颗糖，但如果能等到我出去一会儿，回来再吃，就能吃到两颗。”当他刚离去，有的小孩就迫不及待地吃掉了糖；有的等了一会儿，但还是没忍住，将糖吃掉；剩下的孩子则坚持等了20分钟，最终吃到了两颗棉花糖。10多年后，这些孩子都长大了，参加了大学入学考试。经统计，坚持得到两颗糖的孩子的平均分比得到一颗糖的孩子的平均分高出210分（总分800分），而他们的智商水平并无明显的差别。

有关调查显示，在“贝尔实验室”，顶尖人物并非那些智商超群的名牌大学生。相反，一些智商平平但情商甚高的研究员往往因其丰硕的科研业绩成为明星。原因在于，情商高

的人更能适应激烈的社会竞争。

心理学家经过长期研究，得出结论：一个人的成就至多20%归功于智商，80%则受情商因素的影响。同时心理学家还宣称："婚姻、家庭、社会关系，尤其是职业生涯，凡此种种人生大事的成功与否，均取决于情商的高低。"这就是现在的人们为何特别注意培养"情商"的原因。

三、如何提升情商

人与人的情商并无明显的先天差别，它主要是在后天的人际互动中培养起来的。如何提升自己的情商呢？不同的人生经历，预示着不同的情商增长历程。所以，没有一个固定不变的方法来提升情商，但从个人成长的历程来看，推荐以下几种方法。

（一）做好情绪管理

情商是指一个人在情绪方面的整体管理能力。所以，首先要学习情绪及情绪管理方面的知识，并有意识地去实践，这是提升情商最直接的方法。

（二）培养良好心态

心态是由人们对客观事物的分析、认识所形成的一种心理反应或心理态度。心态决定行动，有什么样的心态，就有什么样的思维和行为。因此，如果我们拥有良好的心态，例如积极乐观、宽容豁达等品质，即使面对导致我们负面情绪（如悲观、愤怒）的事件，心境也会平和很多。

案例分享

司马懿的情商

三国里不少著名人物都因无法控制情绪而留下了千古遗憾：周瑜被诸葛亮惹怒后激愤难忍，导致赔了夫人又折兵；曹操一怒之下斩了蔡瑁、张允，最终惨败于赤壁；张飞因关羽斩首而情绪失控，把怒气发泄在下属身上，反遭下属杀害；刘备因张飞之殁而失去理智，贸然进攻东吴，导致火烧连营，加速了蜀国的灭亡。

但是，司马懿却体现了"忍者"风范。司马懿战况失利，被蜀军围困后便闭门不出。诸葛亮为了让他打开城门迎战，便天天派人在城墙下骂阵。司马懿待在城中，根本不予理会。后来，诸葛亮心生一计，便派使者给他送了一个盒子，里面装着一封书信和一件女性衣服。诸葛亮在信中大骂司马懿是缩头乌龟，胆小如妇人。如果换作别人，看完这封信后必然咽不下这口气。可是司马懿非一般人，他虽然心中大怒，但表面上依旧对来使笑脸相迎，收下衣服后还重赏来使。

【分析】面对如此羞辱还能稳如泰山，司马懿情商之高，的确令人叹服。司马懿对诸葛亮的讥讽不以为意，并不是他没有羞耻感，而是在他眼里，受辱是小事，赢得战争胜利才是大事。因此，他强忍内心的愤怒，依旧闭门不战，静等时机的到来。诸葛亮能气死周瑜，却一直对司马懿无可奈何。

向情商高的人学习，是提升情商的捷径之一。因此，我们可以通过阅读有关人际交往、沟通等方面的书籍，学习人际交往方面的艺术；可以通过读历史故事或名人传记，学习情商高的人的智慧。例如，读三国学习司马懿的情商。

（三）挫折提升情商

马云曾说：“男人的胸怀是委屈撑大的。”这里的胸怀就是情商的外在表现。司马懿的情商相当高超，助他在艰险的仕途中，一次次化险为夷。反之，充满了艰险的仕途和军旅生涯，磨炼了他的意志，锻造了他的超高情商。相应地，当我们遭遇挫折时，勇敢地面对并战胜它，我们的情商也会得到锻炼提高。

职场情商训练七法：

①把看不顺的人看顺。

②把看不起的人看起。

③把不想做的事做好。

④把想不通的事想通。

⑤把快骂出口的话收回。

⑥把咽不下的气咽下。

⑦把想放纵的心收回。

模块九
口才的艺术

模块导读

良好的口才不仅可以提高您的地位和形象，让您在复杂的人际关系中感到轻松自在，更重要的是，它可以为您的工作提供帮助，让您获得工作、获得晋升机会、获得事业的发展。

学习目标

1. 掌握口才的相关概述。
2. 掌握口才艺术的相关概述。
3. 掌握社交的口才艺术。
4. 掌握推销的口才艺术。

任务一　口才的概述

一、口才的定义

口才指口头表达能力，即善于用口语，准确、生动地表达自己的思想感情的一种能力。换言之，口才就是说话的才能，指在某种场合，面对众多听众，在准备不充分或完全没有准备的情况下，表达正确，条理清楚，巧妙有趣，也就是人们常说的“会说话”。口才是人的智慧的综合反应，谈话、授课、讲演、作报告都需要口才，但没有真知灼见，人云亦云，也是难以服众的。

二、口才的特点

①表意明白，语气正确。

②条理分明，首尾呼应。

③富于形象，比喻恰当。

④幽默风趣，生动活泼。

⑤情趣高雅，出口不俗。

⑥含蓄巧妙，余味无穷。

⑦哲理性强，发人深省。

⑧机智敏捷，对答如流。

⑨言简意赅，重点突出（扬弃繁文缛节，面面俱到）。

⑩节奏韵律、表情姿态、重音停顿、音容笑貌与说话内容统一。

三、口才应具备的能力

（一）思维能力

思维能力是口才施展的根本，指说话时思路清晰，概括能力强，逻辑推理严密。思维能力的强弱与口才优劣成正比。

（二）表达能力

表达能力是指一个人把自己的思想、情感、想法和意图等，用语言、文字、图形、表情和动作等清晰明确地表达出来，并善于让他人理解、体会和掌握的能力。

四、口才的功能

一言九鼎重如泰山；三寸之舌强于百万雄师；口才是人生存的第一法宝，是最有力量的武器。

任务二　口才艺术的概述

口才艺术又称口语艺术，即口语表达者出于某种社交使命，运用连贯、标准的有声语言，并辅之以态势语言（如手势、表情等）交流思想、传递信息、表达情感的一种艺术性的现实活动。

一、口才艺术的特征

口才艺术具备五大特征，分别为即时性、针对性、情感性、简洁性和礼节性。

（一）即时性

即时性也称灵活性。口语表达是说者与听者的双向沟通反馈活动。大多数在瞬间完成吸收、思考、选择、表达等口语表达过程。

（二）针对性

口语表达过程是将个人思维迅速转化为口头语言的过程。言辞得体与否取决于说话对象的接受程度，故表达内容、谈话主题应有针对性。

（三）情感性

口语内容不仅包含词句表达的思想，还包含语气、语调，乃至身姿、手势、表情等表达的意义。

（四）简洁性

用词必须简洁、准确，便于理解和进一步交流反馈；应当是生活化语言而非文学语言，忌长句。

二、口才艺术的作用

①口才是人类社会最重要的交际工具。

②口才是培养创造型人才的重要途径。

口才艺术的作用与原则是综合素质的有效体现。口才艺术的原则是在口语交际过程中，表达主体运用准确、得体、生动、巧妙、有效的口语表达策略，达到特定的交际目的，取得圆满交际效果的口语表达艺术和技巧。

任务三　社交的口才艺术

社交即社会交往，是现代社会个人和社会组织维系生存和开拓发展的重要手段。良好的社交行为可以提升个人品位，增进人际交往。口才是社交的工具，社交又是施展口才艺术的舞台。有声语言的主要功能就是用于人们之间的社会交往。在社会交往中，时时处处离不开口才。有人把当今社会称为“全面公共关系时代”，而社交口才已经成为衡量成功人士的重要标志之一。一个不善于社会交往的人，很难与人沟通交流，也很难获得成功。

一、招呼和介绍

（一）招呼

打招呼是人们日常应酬中最常用的礼节之一。不管遇到熟人还是陌生人，打招呼、相互介绍既是彼此尊重，亲切、友好、礼貌的表示，又是一种扩大交往、加深友谊的有效方法。

1. 招呼的方式

（1）称呼式

称呼是依交往关系来确定的，包括尊称、泛称、谦称等。尊称一是用于称呼所敬仰的人、长辈或年长者；二是称呼领导。泛称的表达方式有：姓名 + 职务、职称、职业，见表 9.1。

表 9.1 称呼

称呼类型	称呼方式
尊称	您（您好、请您）
	贵（贵姓、贵单位、贵庚）
	大（大名、大作、大人）
	令（令堂、令兄、令郎）
	贤（贤弟、贤侄）
	敬（敬请、敬贺）
泛称	姓名 + 职务、职称、职业（张老师、李师傅、刘叔叔）
谦称	家（家父、家母）
	舍（舍弟、舍妹）
	老（老朽）
	小（小儿、小女）
	拙（拙笔、拙见）
	敝（敝校、敝人）

（2）寒暄式

寒暄原指人们见面时谈论天气冷暖、嘘寒问暖，现在多用作人们刚见面时相互问候的语言。寒暄随场景、对象、气氛不同而采取不同的形式，见表 9.2。

表 9.2 寒暄

寒暄方式	举例
敬慕式	如“久仰”“幸会”
赞扬式	如“你今天的妆容真精致！”
问候式	如“早上好，工作忙吗？”
关怀式	如“请慢走”“小心着凉”“多注意安全”
请教式	如“请您多关照”
攀认式	如“老乡”“老同学”
道歉式	如“对不起”“添麻烦了”

（3）态势语式

态势语式是用面部表情、身体态势或肢体动作打招呼的方式。例如点头、微笑、招手、眼神等。

2. 打招呼的技巧

（1）主动大方

谁先打招呼谁就拥有了主动权。双方见面，不管彼此年龄、地位有何差距，一般应先主动、热情、大方地与对方打招呼。

（2）因时而异

以一天早、中、晚为例，随时间变化，打招呼也应巧妙而自然变化。早晨用“您早”“早上好”等。

（3）因地而异

打招呼也要分场合。在公共场所，如大街上、公园、餐馆、商店等遇到熟人，可以跟熟人问好、寒暄，但也不宜故作惊喜、大惊小怪。如果在看电影、听音乐会等场合，切勿大声寒暄，只需微笑着招手、点头即可。

（4）兼顾众人

如果打招呼的对象不止一人，则需面面俱到。如果来者系两位长辈，可以称呼“两位叔叔好”，表示谦恭有礼。如果来者仅有个别人熟悉，尽管只能与熟人打招呼，但目光也应顾及其他人，以示对其他人的尊重，也是对熟人的尊重。

（5）灵活应变

如果在特殊场合打招呼，则需灵活应变。所谓特殊场合，是指不宜于按照常规打招呼、使人无法应答或难以应答的场合。例如在洗手间偶遇，与对方打招呼时，应巧妙岔开话题，避免尴尬。

（6）回谢对方

当他人向你打招呼时，要认真、及时、热情回应。人多时，应向大家致谢，或一一道谢，务必让每个人都感受到诚意。

课堂模拟

假设你今天在拜访客户 A 的路上，突然遇到自己的客户 B 及包括 B 的领导在内的三位朋友，你该如何打招呼？请任意邀请三位同学和你一起进行模拟。介绍是人们在社交场合相互认识、建立联系、沟通感情必不可少的步骤。从交际心理上看，初次见面的人们彼此都有一种想了解对方并渴望得到对方尊重的心理。这时如果进行自我介绍，不仅满足了对方的需要，而且对方也会以礼相待，回以自我介绍。

（二）介绍

1. 自我介绍

自我介绍实际上是一种自我推销，最好能给人留下深刻的印象。一般情况下，自我介绍的内容和形式取决于所在场合和对象。自我介绍通常分为非正式场合和正式场合。自我介绍大多是指在非正式场合，因为正式场合有人作专门介绍。

自我介绍时应特别注意：一要有信心，注意克服胆怯心理；二要真诚自然；三要注意场合和对象。介绍内容长短适中，少则五六句，多则一二十句即可。例如："我叫张明，来自北京海天装饰集团武汉分公司设计部，很荣幸参加本次设计师论坛，希望大家多多指教"。社交场合要善于主动介绍自己，自我介绍宜"短、平、快"。"短"是用最简单的办法，"平"是用最能让人接受的方式，"快"是用最短的时间。

2. 介绍他人

介绍他人应遵循尊者优先、了解对方的原则，原则上，先将主人介绍给客人，先将年轻人介绍给长者，先将男士介绍给女士。介绍时，还应根据现场情况灵活掌握，除介绍姓名、单位外，还可以介绍兴趣、爱好。一般来说，介绍时应先向对方打招呼，"请允许我介绍你们认识一下""我介绍你们认识一下好不好"，这样双方都有准备，不会感到突然。例如："各位，下午好，我给大家介绍一下，这位是营销部今天新入职的家装顾问小李，以后和大家一起共事。小李，这位是营销部张经理，这位是刘主管，这位是家装顾问小孙、小赵……"

3. 他人为你介绍

接受他人的介绍时应面带微笑，认真倾听，一般不许插话。听完介绍后方可恭维或引导继续交谈。例如，听完他人的介绍后，可以说："您好！久仰大名，一直无缘见面，今后请多多关照！"

二、拜访和接待

拜访和接待是人们常见的社交方式。对不同关系、不同人群，应区别对待，应因人因势而异。一般来说，在拜访和接待语言中，应体现亲疏有别、远近有别、男女有别、忙闲有别，注意把握说话的分寸。

（一）拜访

拜访是一种有目的的社交行为，或为增进友谊、或为消除误会、或有事相求、或专为礼节性拜访。

1. 拜访的种类

（1）工作性拜访

工作性拜访包括请示、汇报、咨询、求助等。

（2）公关性拜访

一般是以加强联系、增进友谊为目的，或为巩固关系，或为宣传产品，或为牵线搭桥等。

（3）礼节性拜访

例如节日慰问、生日庆祝、受朋友之托看望等。

（4）亲朋性拜访

例如看望老人、探望病人等。

2. 拜访应行注意事项

（1）选择恰当的拜访时机

拜访是一种主动行为，需要得到被拜访人的接待，因此需选择恰当的时机，即恰当的

时间、地点。选择办公室或者家里，选择上班时间或者居家时间，拜访时间是长还是短，这些均需根据具体情况而定，不能随意冒昧前往。

（2）把握拜访语言

拜访是有目的的行为。采取何种表达方式，使用哪些话语，谈话内容的深浅缓急，都要做到心中有数。

（3）文明礼貌

拜访是一种规范性的社交行为，拜访者需体现应有的礼貌。要做到衣帽整洁、举止有度，注意多用谦辞、敬辞。应特别注意细节，如抽烟、吐痰等行为都不可随意而为。

（二）接待

接待是拜访的承受者。接待包括迎客、交谈、送客三个环节。

1. 接待

（1）迎客

对于拜访者，主人应有所准备。好客、敬客是文明的象征。对拜访者应多用敬辞，表达欢迎之意。例如，“欢迎！欢迎！”“终于把你给盼来了”等。

（2）交谈

一般来说，与登门拜访者的谈话应在客气、融洽的气氛中进行。对于工作性拜访者，应平易近人，多采用商量的口吻，例如“你看这样行不行？”对于公关性拜访者，应多谈友谊之词，表达合作意愿，对于能给予的帮助明确表示不遗余力，对帮不上忙的则委婉表示歉意，或者提出建设性意见。对于礼节性拜访者，应表达谢意，对对方所做工作真诚地表示赞美或肯定。对于亲朋性拜访者，氛围可以轻松一些，谈谈自己，也可以问问对方及家人的情况，适时表达关切。

（3）送客

客人将离去时应表达挽留之意，但对一般拜访者不宜强留。送客时宜亲自送出门外，再目送其离去，对关系十分亲密的人宜多送一程。送客时宜讲欢送之词，例如：“您慢走！”“欢迎再来！”

2. 拜访与接待应注意的问题

拜访与接待是相辅相成的，今天是拜访者，明天就可能是接待者。换位思考，将心比心，认真扮演好自己的角色，如图 9.1 所示。

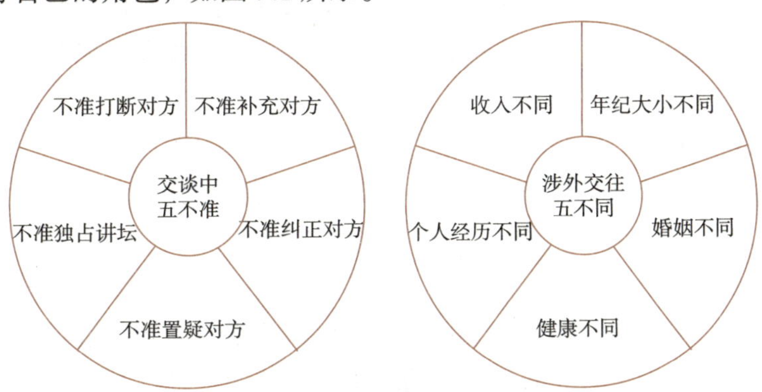

图 9.1　拜访与接待应注意的问题

（1）创造良好的氛围

无论是拜访还是接待，都应营造宽松和谐的氛围。虽然有主动和被动之分，但双方都应以诚相待。亲切自然、热情周到、耐心细致、平易近人是拜访与接待的最理想氛围。

（2）把握谈话的分寸

拜访与接待是社交形式，对不同关系、不同人群，应区别对待，因人因事而异。

课堂模拟

A和B是多年不见的老友，有一天，A决定去拜访B。请现场邀请两人分别扮演A和B，模拟拜访与接待中的迎客和送客环节。

三、表扬和批评

表扬和批评是社交中经常采用的手段。二者是一对矛盾，处于对立统一关系。表扬和批评的运用具有很强的艺术性。

（一）表扬

表扬是一方对另一方的优点、成绩给予称赞、夸奖。在人际交往中，恰当地运用表扬能起到意想不到的作用。

1. 表扬的作用

①表扬是对人的肯定。

②表扬是人前进的动力。

③表扬是人类进步的旗帜。

④表扬是人际关系的融合剂。

2. 表扬的技巧

（1）善于发现亮点

表扬要有目标，适时、适当地发现他人的亮点是表扬的基础。亮点有大小之分，但不能因其小而视而不见。表扬要具体、实在，不能给人一种“虚”的感觉。例如：“你做菜的手艺真不错，太美味了！”

（2）准确把握时机

表扬要选好、选准时机。一是表扬的时间，应根据交际的具体情况，做到不前不后，恰到好处。二是表扬的内容。一个人的长处、优点很多，但要准确把握其亮点，方能保证最佳效果。

（3）用语贴切、恰当

赞扬他人的优点，特别是在公共场合，用语一定要恰如其分，切勿夸大其词，以免适得其反。

（二）批评

在社会交往中，批评也是经常用到的方法。奥斯特洛夫斯基说过：“批评，这是正常的血液循环，没有它就不免有停滞和生病的现象。”然而，批评总是令人难堪的，所以，能够坦率地、真诚地批评别人的人，本身就是真诚的人，高尚的人，是值得交往的人。进行批评时，要讲究方式方法，方能取得良好的效果。

1. 批评的方法

批评是一个非常敏感的话题，尤其要讲究方式方法。

（1）把握批评的对象、动机

一是批评应有明确的对象，是批评某个人，还是一群人，要有的放矢，切勿乱批一气；二是明确为什么批评，要达到什么目的。批评不能由着性子想批评谁就批评谁。

（2）注意态度、语气

被批评者能否接受，很大程度上取决于批评者的态度和语气。要具体区分被批评者的年龄、性别、职务，对老人语气要尊敬，切勿给人居高临下的感觉；对儿童要有耐心，表现出爱心；对领导语气要虚心、尊重；对下属要体现友爱、扶助的态度。

（3）追求圆满的结果

批评的目的在于帮助和爱护，如果批评会留下不愉快的阴影或结下仇怨，表明批评根本没有达到目的，这就需要批评者考虑周全，把握好尺度。对一时接受不了的被批评者，过后应多作解释，务必消除误解以求团结。

2. 批评的技巧

①点到为止。

②侧面提醒。

③泛泛而谈。

④正话反说。

⑤风趣幽默。

⑥把握时机。

四、说服与拒绝

在社会交往中，经常需要说服别人接受自己的观点，支持自己的工作，理解自己的意图。当然，也经常拒绝别人的要求。说服与拒绝都需要学习一定的方法，掌握一定的技巧。

（一）说服

语言沟通的最高境界不是口若悬河，也不是出口成章，而是成功地说服别人。说服就是以摆事实、讲道理的方式使他人听从、服从自己。没有事实为依据，是不能以理服人的。说服的目的就是统一思想、化解矛盾、达成共识。

1. 说服的方法

要达到说服的目的，就需要科学有效的说服方法。说服方法很多，也有规律可循。

（1）了解对方是说服对方的基础

欲说服对方，就需要仔细研究对方，深入了解对方的有关情况，例如对方的性格、长处、兴趣、爱好、情绪、想法等，以便有针对性地说服。

（2）循序渐进，充分诱导

说服不可能一蹴而就，一般情况下，被说服者都会产生逆反心理，常言道“欲速则不达”，所以要运用循序渐进的诱导方式。

（3）说服他人一定要有耐心

做说服工作，如果对方爽快同意，当然最好不过，但这种情况并不多见。更多的是经历艰难曲折，这就需要有做长期游说工作的思想准备。人都是有感情、懂道理的生物，要学会以情入手、以理服人，要懂得情理并用，条分缕析地解释某些细节和要点，逐渐消除对方的成见和抵触心理，最终接纳自己的观点。

2. 说服的技巧

（1）直言厉害

对被说服者陈述厉害，一针见血，从而迫使被说服者放弃自己的意见、主张，服从自己的观点。

（2）巧妙迂回

欲说服对方，但不直言点明，而是采取迂回包抄的方法。通过这种方法迫使被说服者恍然大悟，进而被说服。

（3）先扬后抑

即先表扬，后批评。表扬容易使对方有面子，同时也可以拉近双方的感情。在此基础上，再指出其不足，批评其错误，也不令人突兀。

（二）拒绝

拒绝是社交中的常见现象。拒绝就是不同意或者不接受他人的观点或意见，不能达到或者不能满足他人的要求或愿望，不支持或者不配合他人的行动或工作。众所周知，拒绝令人为难，故拒绝的最佳效果是既能达到拒绝目的，又能使对方欣然接受。因此，拒绝很讲究方式、方法和技巧。

（1）据理直言

对不合情理的要求或做法，可以直截了当地拒绝，无须浪费时间和精力。要以理否定，以例证明，有理有据地拒绝。

（2）借口否定

对于不便直言否定的，可以借口否定或无限期地拖延。

（3）转移话题

不正面回应征集意见，却顾左右而言其他，岔开话题，婉言拒绝。

（4）归谬否定

认真分析研究对方意见，寻找不足，指出不合逻辑、不合情理之处，构成自我否定，由对方主动撤回。

（5）仙人指路

提供另一个建设性的意见，从而避开自己的参与，达到拒绝的目的。

（6）先扬后抑

首先表扬对方，肯定其优点，从而拉近感情，然后表明自己的难处，诉说不好办或不能办的苦衷，请对方理解、谅解。

（7）沉默不语

有时保持沉默，不言不语，不置可否，以此暗示拒绝。

（8）委婉拒绝

通过顾左右而言他，巧妙、委婉地拒绝。

五、社交谈话的基本要求

（一）声音洪亮，优美动听

说话的音量应保持适当的水准，既能[illegible]此外，还要注意调整音色和音调，做到抑[illegible]

（二）吐字清晰，节奏适[illegible]

在公共场合谈话应讲普通[illegible]语速与吐字清晰度有关。谈话的语速应根据[illegible]效果。说话应清晰有力，切勿吞吞吐吐、含糊不清，应通过语调展现自信、乐观。应根据场合决定音量的大小，除非必要，不得高声大叫，声音应当适度，与周围的氛围协调一致。

（三）纯净语言，去除赘词

谈话时注意剔除不必要的赘词。赘词是谈话者组织内部语言时不自觉地发出的、毫无意义的声音，对于谈话者来说，它是一种习惯；对听者来说则是谈话者的缺点、不足，会直接影响接收信息的效果和连贯性。

（四）注意语气，把握顿挫

谈话是个人能力、观念、人格等特征的综合体现。谈话时应不卑不亢、语言优美、态度平和，不仅令人心生好感，还会大受欢迎。谈话时，切勿忽视语气的重要作用。恰当的语气可以引起人们的注意，可以增强语言表达的感染力，表现说话人的自信乐观，弥补措辞的不足，为谈话增添光彩。

（五）面带微笑，真诚宽容

笑是世界上最生动的表情，微笑是愉快谈话的通行证。面带微笑的谈话容易为人接受，并获得好感。面带微笑是礼貌的表示，真诚的微笑体现一个人的淳朴、坦然、宽容和自信，反映一个人的德行和修养。

（六）合作交流，掌握分寸

谈话时，应与对方保持协同配合，不仅动作要配合，话题也要配合。说话时应泰然自若，尽量少用专业术语，易于对方理解；使用普通话，尽量少说或不说方言。注意社会公德和个人修养，在公共场合，宜小声交谈，切勿打扰他人。

任务四　推销的口才艺术

推销是市场经济的产物。一名出色的推销员并非强硬地把自己的产品推销给他人，而是想方设法帮助有需求的人实现拥有产品的愿望。推销员是需求者和产品之间的纽带，而舞动这条纽带的就是推销口才。

一、推销的概述

（一）推销的含义

推销有广义和狭义之分。广义的推销是指推销主体在一定的推销环境里，运用各种推销艺术，说服推销对象接受推销主体所进行的各种相关活动。狭义的推销专指推销员销售产品的行为和活动，即产品的推销，简称营销。

（二）推销员应具备的素质

推销依靠口才，但口才不是凭空得来的，首先它要求推销员具备一定的素质。例如装饰行业，一家装饰公司设立了营销部，有专门负责产品推销的家装顾问，家装顾问必须经过严格培训，具备一定的专业能力和素养后，方能接触客户。此外，作为装饰行业的设计师，除了设计令客户满意的产品外，还需具备相当的营销能力和口才，说服客户最终签单。可以说，在公司运营上，每个人都扮演着推销员的角色。

（1）丰富的知识

推销员应是“万事通”，需要了解和掌握社会知识、文化知识、企业知识、产品知识、用户知识和市场知识等。一名推销员如果掌握了广博的知识，对产品情况又了如指掌、如数家珍，还能作出充满趣味的介绍，就能赢得客户的信任，激发其购买欲望。

（2）热忱周到的服务意识

先有推销的热忱才会有后来的购买热忱。具备这一点，即便客户有再大的偏见和抗拒，也能被成功地说服。丧失热忱，就等于丧失活力。推销要有服务意识，善于换位思考，“我能为他（她）提供哪些服务？”只有周到的服务才能取得良好的效果，客户才能真诚地作出回应，最终达成双赢局面。

（3）敏锐的观察力和判断力

要想具备较强的营销能力，不仅需要锻炼自身能力，还要善于把握机会。对于推销员来说，运筹帷幄之中，决胜千里之外，计划得越充分，执行得越到位，收获和成就便越大。

（4）想象力

推销员应当运用丰富的语言，如实地向顾客描述产品的价值以及带给客户的利益。产品本无生命力，而顾客购买产品的标准是灵活、多变的。通过推销员的“三寸不烂之舌”，可以从不同角度改变顾客对产品的认知。

（5）提出合理化建议

推销过程，就是为消费者设计生活、引导消费潮流的过程。推销产品时，推销员应抓住时机，果断地提出意见和建议，开拓客户的思路，赢得客户的尊敬和信任，最终达到销售目的。

（6）热情性

推销不是低声下气地“求”人，而是一种双向互动、互惠互利的动态过程。推销员应乐于满足客户提出的要求，能办的事尽量办，而且态度要坦率、诚恳。

（7）灵活性

一位高超的推销员，应巧妙地运用各种推销手段，消除客户的质疑，即使客户认知错误，也不宜直接反驳，而是巧妙地解释，不作强辩。推销员在推销过程中应随机应变，不宜一口气说出产品的全部优点，而是不失时机地对产品的优点进行补充或解释，有助于客户下定决心购买。

二、推销口才的技巧

案例分享

说服顾客的技巧

在美国零售业界，有一家知名度很高的商店，它就是彭奈创设的“基督教商店”。彭奈常说，一位买 10 万元货品的顾客和一位买 1 元沙拉的顾客，虽然在金额上不成比例，但他们在心里对店主的期望，却并无二致，即“货真价实”。

彭奈对“货真价实”的解释并非“物美价廉”，而是什么价格买什么货品。他有一个与众不同的做法，就是把顾客当成自己人，事先说明货品等次。关于这一点，彭奈对店员的要求非常严格，并对他们施以短期培训。甚至店员还会告诉顾客，其他店有他们没有的货品。他们这样解释：“这种新品牌，我们还没有深入了解它的品质，所以还没有供应。”当彭奈决定实施这一接待技巧时，有很多店员表示反对，他们认为这样做无疑是给他人作宣传，但彭奈却认为如果事先不告诉顾客，顾客回去后听到他人说新产品如何好，顾客肯定会后悔的；但如果事先予以说明，情形可能就大不相同。

彭奈的第一个店开张不久，有一天，一位中年男士进店买搅蛋器。店员问：“先生，你想买好一点的，还是次一点的。”那位男士听了明显不高兴：“当然买好的，不好的东西谁买。”店员就把最好的“多佛”牌搅蛋器拿出来供他选择。男子看了看，问道：“这是最好的吗？”“是的，而且是牌子最老的。”“多少钱？”“120 元。”“什么！为什么这样贵？我听说,最好的才六十几块钱。”“六十几块钱的我们也有,但那不是最好的。”“可是,也不至于相差这么多吧！”“差的并不多,还有十几元一个的呢。”男士听了店员的话,马上面露不悦之色，准备掉头离去。彭奈赶紧过去拦下这位男士，问道：“先生，你想买搅蛋器是不是？我来介绍一款好产品给你。”男子瞬间又有了兴趣，问道“什么样的？”彭奈拿出另一种牌子的产品,说道:“就是这种,你看一看,式样还不错呢！”“多少钱？”“54 元。”“照店员刚才的说法，这不是最好的产品，我不要。”“我的店员刚才没说清楚，搅蛋器有好几种牌子，每种牌子都有最好的货品，我刚拿出来的这一种，是同一品牌中质量最好的。”“可是价格为什么比多佛牌便宜那么多？”“这是制造成本的关系。每种机器的构造不一样，所用材料也不同，所以在价格上肯定有出入。多佛牌价格高有两个原因：一是品牌信誉好；二是容量大，适合做煎饼生意。”彭奈耐心地解释。男士脸色一下子缓和了很多，说道：“噢，原来是这样的。”彭奈又说：“其实，有很多人喜欢用这种牌子，就拿我来说，用的就是这种牌子，性能并不差，而且它还有个最大的优点，体积小，使用方便，一般家庭都适合。府上有多少人？”男士回答：“5。”“这种再适合不过了，我看你就拿这个回去用吧，保证你不会失望。”彭奈送走顾客，回头对店员说：“你知道今天错在哪里吗？”

店员愣愣地站在那里，显然不知道自己究竟错在哪里。“你错在过于强调最好这个观念。”彭奈笑着说。“可是，”店员不服气地说，“您经常告诫我们，要对顾客诚实，我没有说错呀！”“你的话听起没有错，但是缺乏沟通技巧，我把这一单业务做成了，难道我对顾客有不诚实的地方吗？”店员默不作声，显然口服心不服。彭奈接着说：“我说它是同一品牌中质量最好的，对不对？”店员点点头。“我说它体积小，适合一般家庭用，对不对？”店员又点点头。“既然我没有客人，又能把东西卖出去。你认为关键在什么地方？”“说话技巧。”彭奈摇摇头，说：“你只说对一半，主要是我摸清了他的心理，一进门他就要最好的，对不？这表示他的优越感很强，可是一听价格太贵又舍不得买，但是他又不肯承认，自然会把责任推到我们商家头上，这是顾客的一般通病，如果你想做成这单业务，一定要换一种方式，在不减损他的优越感的情形下，促成他购买另一种比较便宜的货品。”店员听得心服口服。

彭奈在 80 岁时出版了自传，他幽默地说：“在别人认为我根本不会做生意的情形下，店铺营业额由每年几万元增加到 10 亿元，这是上帝创造的奇迹吧！”

【分析】一名优秀的推销员，只有诚恳和热情是不够的，还要尽可能地掌握谈判技巧，才能牢牢地掌握推销的主动权。世界上没有推销不出去的产品，只有不会推销产品的人。推销员要讲究推销口才的技巧。

（一）主动接近

推销是推销员占主动地位的双向交流活动。只有主动接近、先声夺人，才能使推销活动开展起来。

1. 打招呼、套近乎

有礼貌地打招呼是推销成功的第一步。首先，打招呼、致问候，不仅可以给人留下良好印象，还是推销员树立客户至上观念的具体表现，是推销的通行证。推销员面对客户一般不宜直言“你买不买”“你要不要”，而应运用说话技巧，先接近客户，搭上话，从感情上率先融合起来，再开展推销就容易得多。与陌生人谈话是推销的一大难关，处理得好，可以一见如故、相见恨晚；处理得不好，可能导致四目相对、局促无言。

2. 约见客户

约见客户是推销的重要一环，在当今快节奏的生活中，突然登门会显得唐突，一般以事先预约为佳。预约一是有礼貌的表现，也是对对方的尊重；二是能给对方一定的准备时间。预约方法有面约、电话约、信函约和委托转告等方式，无论哪种预约都需表现出对对方的尊重与诚意。面约是指推销人员利用与客户见面的机会当面约见。电话约比较便捷，打电话时应尽可能避开对方的忙碌时间，说话要清晰、简洁，注重礼貌。

约也要讲技巧，为了避免被拒绝，不妨采取选择方法。例如“××总经理，知道您很忙，不敢贸然打扰。您看什么时候有时间，是明天上午还是后天上午？”如果采取这种约见方法，一般都不好拒绝。在与客户会面时，推销人员应特别注意外在形象和风度。见面先问候，在必要的寒暄之后应尽快说明来意。同时，还应注意观察对方情绪，有效控制谈话时间，不得因自己的拖沓造成对方的反感。

（二）选好话题

推销员说话是很讲究艺术性的。择定话题，确定切入点，做好铺垫，摸透客户心理，

运用口才技巧进行启发、诱导式谈话，就可能收到预期效果。

（三）夸奖、赞美

人都有满足心理和求美欲望，如果能得到适当的满足，就会产生快乐感，变得容易接受推销。巧妙地夸奖、赞美客户，使客户产生快乐感，有了好心情，再进一步推销自己的产品，成功就变得容易多了。夸奖、赞美要选好角度，看准可夸奖、可赞美之处，夸得恰到好处。切勿言过其实，吹捧过度，那样只会适得其反。

（四）幽默和玩笑

在营销活动中，能说会道、能言善辩是推销员自然而然发自内心的语言表达。幽默在营销活动中不仅可以营造轻松活泼的气氛，还可以为营销工作创造良好的工作环境。好的语言可以给人留下深刻的印象，由一句话联想到某种产品，就是很好的促销方式。幽默的推销话语本身就是一种具有艺术性的广告词。

（五）比较引导

客户选择产品，总是在比较中选择。推销员最好顺应客户的挑选习惯，精准把握客户的选购心理。推销员应将自己产品的优点如实告诉客户，在同类产品比较中突出宣传自己产品的独特优势。但要注意，切勿将其他产品描述成豆腐渣，把自己的产品描述成一朵花，这种做法很可能招致客户的反感，最终适得其反。

（六）直接演示

当场演示产品，现场宣传产品的性能、优点，还可以邀请现场人员亲自尝试，这种推销效果非常好。人们对近距离地接近产品总是感到新奇，也会提出一些问题。推销员要针对现场人员的提问，运用口才艺术，进行现场答复，这在一定程度上可使产品的宣传更具针对性。

课堂作业

选取你目前现有的一套设计方案，自由设定客户需求，模拟推销方案。

____

____

____

____

模块十

时间的概述

模块导读

时间管理是指通过事先的规划和运用一定的技巧、方法与工具实现对时间的灵活及有效运用，从而实现个人或组织的既定目标。职场人员能否在自己的职业生涯中取得成功，秘诀在于时间管理是否得当。职场中，时间管理得当可以使我们有更多的闲暇时间去做其他事情，反之则会大大降低我们的工作效率。时间管理是一门技术，更是一门艺术。

学习目标

1. 掌握时间的概述。
2. 掌握时间管理的概述。
3. 掌握时间管理的原则。
4. 掌握时间管理的方法。

任务一　时间的概述

一、时间的定义

时间是一个比较抽象的概念。人们常说“时间就是效率”“时间就是金钱”“时间就是生命”“一寸光阴一寸金，寸金难买寸光阴。”人们总感觉时间不够用，总是说“要是抓紧时间学习就好了”“要是快点写完作业就好了”。但是，时间到底是什么呢？从本质上说，时间是记录事物运动变化的一种物理量，这种物理量反映了事物变化的过程。从哲学上讲，时间是物质存在和运动的持续性和顺序性。具体事物的存在总是一个时间段，例如，吃饭是一个时间段，上课也是一个时间段。

二、时间的特性

（一）供给毫无弹性

时间的供给量是固定不变的，不会增加，不会减少，每天都是 24 小时，无法开源。

（二）无法蓄积

时间不像人力、物力、财力和技术能被积蓄储藏。不论愿不愿意，时间都会流逝，无法节流。

（三）无法取代

任何一项活动都有赖于时间的蓄积，也就是说，时间是任何活动都不可缺少的，无法取代。

（四）无法失而复得

时间不像失物可以失而复得，一旦流逝，它将永远无法回到过去。花费了金钱，尚可赚回，倘若挥霍了时间，任何方法都无力挽回。

三、时间失控的原因

（一）缺乏计划

很多时候，人们都会同时进行多项任务，但这些任务各有不同的困难和完成期限，因此，人们只好见机行事。由于各项任务未能事先全盘统筹规划，往往会在其中一两项任务的截止期限将至时，才匆忙放下其他工作，集中精力攻坚，这种处理方法十分虚耗资源和时间。

（二）缺乏组织

很多时候，我们需要与同事共同处理工作，或与其他部门配合。分配工作时，如果尚未把同事有效地组织起来，也没有与其他部门达成默契，在执行任务时极有可能出错，或彼此产生误会，或因缺乏器材、原料而导致无法完成工作等情况，则需领导去协调。

（三）用人不当

如果人们忽视了自己的工作能力、工作量及组员间的合作性等因素，很可能无法如期完成任务，整个工作进程都会大受影响，甚至可能导致重新执行。

（四）缺乏控制

每项任务都有完成时限和工作要求，如果接受任务后，进度及成效跟不上，很可能在截止期限前两三天才发现限期将至，工作肯定不能如期完成，就会耗费很多时间去筹谋对策，或者在工作完成后，从头再做，白白浪费时间。

任务二　时间管理的概述

一、时间管理的概念

（一）时间管理的含义

时间管理是指利用技巧、技术和工具帮助人们完成工作，实现目标。时间管理方法并不是要把所有事情做完，而是更有效地运用时间。凡事不可能要求完美，但可以讲求效率。时间管理的目的是决定一个人该做什么，不该做什么；时间管理不是完全掌控，而是降低变动性。它最重要的功能是把事先的规划作为一种提醒与指引。

（二）时间管理的目的

将时间投入与个人目标相关的工作达到“三效”，即效果、效率、效能。效果，是确定的期待结果；效率，是用最小的代价或花费所获得的结果；效能，是用最小的代价或花费，获得最佳的期待结果。

（三）时间管理的步骤

①记录自己的时间追踪流向，诊断并分析时间运用的状况。

②制订目标并拟订计划，使时间的应用更具效用。

③切实执行计划，分析研究造成时间浪费的因素，改变浪费时间的习惯，成为掌控时间的主人。

二、时间管理认知误区

案例分享

农夫一早起来，对妻子说去耕地，可是当他走到要耕的那块地时，发现耕地的机器需要加油，于是农夫准备去加油。当他刚想起机器要加油时，一下就想到家里四五头猪还没喂。这机器没油不工作，猪没喂、没吃饱是要饿瘦的。于是，他决定先回家喂猪。当他经过仓库时，看到几个土豆，一下子想到自家的土豆地可能要发芽了，应该去看看。农夫边想边朝土豆地走去。半路经过木柴堆，想起妻子提醒了几次，家里的木柴快用完了，需要抱一些回去。当他刚走近木柴堆，突然发现有只鸡躺在地上，他认出这是自家的鸡，但是脚受伤了……就这样，农夫一大早出门，直到太阳落山才回家，忙了一整天，晕头转向，结果猪没喂、油没加，最重要的是，地也没耕。

【分析】这个故事和很多人的工作状态都相似，如果不采取时间管理严格执行，就会出现同样的状况，很多时候人们都知道坚持的重要性，但是在临时干扰面前，往往忘记了最初目标。所以，最重要的一个职业习惯，就是每天约束自己，当日事当日毕。

①没有追求，没有目标，贪图轻松安逸的工作和生活。

②不速之客扰乱时间安排。

据统计：每天人们一般每 8 分钟受到 1 次打扰，每小时约 7 次，每天约 50 ~ 60 次。平均每次打扰时间约 5 分钟，每天约 4 小时。其中，80% 的打扰是毫无意义的。同时，经研究，被打扰后的人们重拾原来的思想平均约需 3 ~ 5 分钟，每天又要额外花费 2.5 小时。

③虚张声势的会议“抢”走时间。

④不恰当的用人或工作安排浪费时间。

⑤准备不充分。既浪费自己的时间也浪费他人的时间，影响事务办理的速度，也影响个人公众形象。

⑥不会委婉地拒绝浪费时间。不会说不、不敢说不、不善于说不；碍于情面，不好拒绝；人太老实，不善于拒绝；没有办法，不懂拒绝。

⑦办事不分主次，滥用时间。

⑧尚未进行正确评估就放宽时间要求。表现为：内心追求安逸的心理；内心深处的表现欲；不懂如何评估时间的耗费。

⑨对自身能力深表怀疑，故大幅削减时间。

⑩自暴自弃，任由时间溜走。

⑪顾虑过多的情绪吞噬时间。资料显示：忧虑的事绝大部分都不会发生。经卡耐基研究表明：顾虑、忧虑过多，可直接导致心脏病、胃病、肠炎等疾病。经心理学家研究统计，一般人的忧虑有 40% 属于过去，50% 属于未来，只有 10% 属于现在。而这些忧虑中，有 92% 根本不会发生，有 8% 是我们可以应对的。

⑫完美无缺的追求耽误时间。

⑬一再重复的错误糟蹋时间。一个能力出众的人应尽量避免重复，应采取有效措施防止各种错误的发生，动用一切手段达成目标。

⑭马拉松式的酣战拉长时间。白天做不完，晚上接着做；平时做不完，周末加班做；长时间的工作可能导致低效率。研究表明：失败的管理者与成功的管理者的区别在于：失败的管理者随时愿意为工作牺牲家庭、牺牲时间。

⑮缺少协调的集体无谓地耗费时间。

⑯迷失目标的努力凌驾时间。外部的干扰或新目标的出现，很容易使人偏离预定的目标，多走一些弯路。

案例分享

三只猎狗的故事

有 3 只猎狗追赶 1 只土拨鼠，慌不择路的土拨鼠钻进了一个树洞。这个树洞只有一个出口，可是一小会儿，却从树洞里钻出 1 只兔子。兔子飞快地向前跑，并爬上一棵大树。可惜它在树上没站稳，掉下来砸晕了追过来的 3 只猎狗。最后，兔子终于成功地逃脱了猎狗的追击。故事到这儿似乎讲完了，但大家往往忘记了土拨鼠去哪儿了，它才是猎狗追击

的真正目标。

三、时间管理的原则

（一）帕累托原则

帕累托原则是十九世纪意大利著名经济学家帕累托提出的，其核心内容是 80% 的结果几乎源于 20% 的活动。例如，20% 的客户可能给你带来 80% 的业绩，可能创造 80% 的利润，世界上 80% 的财富掌握在 20% 的人的手里，世界上 80% 的人只分享了 20% 的财富。因此，一定要把注意力放在 20% 的关键事情上。根据此原则得出以下四种情况：

①重要且紧急（例如，救火、抢险）的事——必须立刻去做。

②重要但不紧急（例如，学习）的事——当成紧急的事去做，不要拖延。

③不重要但紧急（例如组队打篮球缺一个人，这时有人打电话请你去吃饭）的事——优先考虑重要的事儿，再考虑这件事。

④不重要也不紧急（例如，娱乐消遣）的事——有时间再说。

（二）杜拉克时间管理法

杜拉克时间管理法是现代管理之父杜拉克提出的，他认为：有效的管理者不是从他们的任务开始，而是从他们的时间开始。

杜拉克时间管理法的步骤如下：

①记录时间，分析时间浪费在何处。

②管理时间，减少用于非生产性需求的时间。

③集中时间，在整个时段内的工作效率大于各分散时段的工作效率之和。

四、时间管理的方法

①制订生活目标，按照重要程度排序。

②集中精力完成最重要的任务。

③用金钱衡量时间。

④切勿太追求完美。

⑤为每个任务设置期限。

⑥尝试为每日工作制订时间表。

⑦将大的目标转换成几个任务。

⑧尝试将某项任务交给他人。

⑨给每个步骤设置期限。

模块十一

如何塑造阳光心态

模块导读

心态的好坏，在于平时的调整和修炼，并形成习惯。有良好的心态，工作就会有方向。只要不迷失方向，人就不会失去自我。活在世上，心胸就要豁达、大度。相信“任何事情的发生必有利于我”且“办法总比困难多”，没有流不出的水和搬不动的山，更没有钻不出的窟窿及结不成的缘。人要活得快乐，必须要有一个好心态。

学习目标

1. 理解阳光心态的内涵。
2. 理解十大阳光心态。
3. 掌握塑造阳光心态的方法。

案例分享

有位老太太请了一名油漆匠到家里粉刷墙壁。油漆匠一进门，看到她的丈夫双目失明，顿时流露出怜悯的目光，可是男主人开朗乐观，所以油漆匠在他们家工作的这几天，大家相谈甚欢，油漆匠也从未提起过男主人的缺陷。工作完毕，油漆匠拿出账单，老太太发现比原来谈妥的价格打了很大的折扣。于是，她问油漆匠："怎么少算这么多呢？"油漆匠答道："我跟你先生在一起觉得很快乐，他对人生的态度，让我觉得自己的境况还不算最坏，所以折扣的那部分，是我对他表示的一点谢意，因为他让我不再把工作看得太苦！"油漆匠对这家男主人的推崇，让老太太流下了感动的眼泪，因为这位慷慨的油漆匠，自己只有一只手。

【分析】心态就像磁铁，不论人们的思想是正面的还是负面的，都要受到它的牵引。而思想就像轮子，朝着一个特定的方向前进。虽然人们无法改变生命历程，但可以改变人生观；虽然人们无法改变环境，但是可以改变自己的心境。

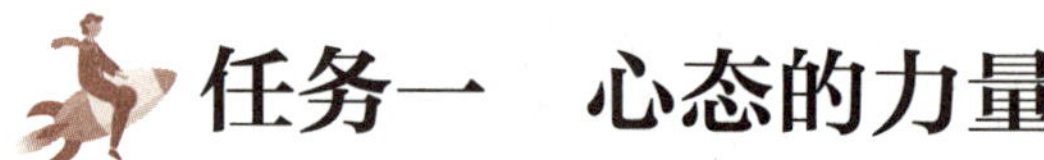

任务一　心态的力量

一、心态的定义

心态是指对事物发展的反应和理解表现出不同的思想状态和观点。心态主要包括以下四个方面：

①心态是人的一切心理活动和状态的总和。

②心态是人对周围、社会生活的反应和体验。

③心态对一个人的思想、情感、需求、欲望具有决定性的影响。

④心态决定一个人对待工作、生活的态度。

二、心态的力量

有这样一组有趣的计算：

用英文字母 a—z 分别代表阿拉伯数字 1—26。分别为：a=1；b=2；c=3；d=4；e=5；f=6；g=7；h=8；i=9；j=10；k=11；l=12；m=13；n=14；o=15；p=16；q=17；r=18；s=19；t=20；u=21；v=22；w=23；x=24；y=25；z=26。

知识：knowledge；

努力：hard work；

态度：attitude；

上述三个英文单词，分别把不同字母代表的数字加上去。

知识：knowledge=11+14+15+23+12+5+4+7+5=96 分；

努力：hard work=8+1+18+4+23+15+18+11=98 分；

态度：attitude=1+20+20+9+20+21+4+5=100 分。

所以，态度决定一切。

案例分享

9个人过桥的试验

第一次，教授说：“你们9个人听我的指挥，走过这个弯弯曲曲的小桥，千万别掉下去，不过掉下去也没关系，桥底下只是一点水。”结果九个人全部顺利通过这座小桥。

第二次，当走过小桥后，教授打开了一盏黄灯。透过这盏灯，9个人看到桥底下，不只是一点水，还有几条在蠕动的鳄鱼，他们都吓了一跳，纷纷庆幸刚才没掉下去。接着，教授又问道：“现在你们谁敢走回来？”没有人愿意尝试。

第三次，教授说：“你们要用心理暗示，想象自己走在坚固的铁桥上。”等了半天，终于有三个人站起来，愿意尝试一下。第一个人颤颤巍巍，走的时间多花了一倍；第二个人哆哆嗦嗦，走了一半，再也坚持不住，吓得趴在桥上；第三个人才走了三步就吓得趴下了。

第四次，教授打开了所有的灯，大家发现在桥和鳄鱼之间还有一层网。网是黄色的，刚才在黄灯下看不清楚。现在大家都不怕了，七嘴八舌地说要知道有网，早就过去了。8个人哗啦哗啦都走过来了。这次，只剩下一个人不敢走回来，教授问他，你怎么回事儿？他说我担心网不结实。

案例分享

死囚实验

教授把一个死囚关在一个屋子里，蒙上死囚的眼睛，对死囚说：我们准备换一种方式让你死，我们将把你的血管割开，让你的血滴尽而死。

然后教授打开一个水龙头，让死囚听到滴水声，教授说，这就是你的血在滴。

第二天早上打开房门，死囚死了，脸色惨白，一副血滴尽的模样，其实他的血一滴也没有滴出来，他被吓死了。

思考：读了以上两个故事，谈谈你的感想。

____

____

____

____

____

任务二　阳光心态的概述

什么是阳光心态？我们认为阳光心态的定义包括以下五个方面：

①快乐生活每一天。

②积极对待人和事，凡事多往好处想。

③充满热情和朝气，真心地、习惯性地帮助他人。

④迅速转变和控制消极情绪。

⑤阳光心态的内涵如下：

a. 不能改变环境就适应环境。你改变不了事实，但可以改变态度；你改变不了过去，但可以改变现在；你不能选择容貌，但可以展现笑容。在生活、工作中，主动去适应环境，而不是要求环境来适应你。

b. 不能改变他人就改变自己。家里如果有老人，你只能适应他，而不能改变他。例如，80 岁老人已经养成的习惯，几乎不可能被改变了。

一个人因某事件所受的伤害远不如他对这一事件的看法更严重。事件本身不重要，重要的是人对这一事件的态度。态度变了，事件就有转机了。

c. 一个人不能改变事件，就改变对事件的态度。

孔子《论语·宪问篇》记载："仁者不忧，知者不惑，勇者不惧。"就是说，人生面对现实，切勿抱怨忧虑；面对将来，切勿迷失方向；面对困境，切勿畏惧退缩。每个人在工作、生活中难免会有许多缺憾和不如意，甚至还有不合理的事情发生，也许凭借个人力量无法改变，但是可以改变个人的心情和态度。生活就像人们面前摆放的半瓶好酒，有的人把这半瓶酒当成"半空"的，而另一个人则把这半瓶酒当成"半满"的。抱怨的人会说："唉，谁把它喝了这么多，真是太遗憾了"！珍惜的人会说："哎，还有半瓶好酒，今晚可以喝个痛快，真是人生一大幸事！"酒没有变，还是那半瓶酒，只是人看问题的视角不一样，导致感知与心态大不同。人生百年，孰能无憾？《论语》告诉我们，如何用平和的心态来对待生活中的缺憾和困难。在当今这个激烈竞争的时代，要学会及时调整自己的心态，保持良好的心态比过去任何一个时代都显得更加重要！

每一位员工都应保持良好的心态。少一点抱怨，多一点行动；少一点坐等观望，多一点主动工作与服务。摆正心态，一丝不苟，珍惜来之不易的工作岗位，尽心、尽责、尽力地做好自己的本职工作。只有通过每一位员工主动真诚的服务和坚忍不拔的努力，才能赢得客户和领导的认可，个人才能获得合理的报酬，企业才能可持续发展。

d. 不能向上比较，那就向下比较。

成功学告诉大家，不想当元帅的士兵不是一个好士兵，不想当船长的水手不是一个好水手。但是，只有一个人能当船长，你要想当船长就只有把其他人都扔到海里。如果大家都这样想，结局是船上只剩下一个人，可能还不是你。成功学是对的，但不善于妥协、不

懂得知足的人，就只有生活在痛苦中。

任务三　十大阳光心态

一、主动的心态

主动是什么？主动就是“没有人告诉你而你正做着恰当的事”。在当今这个竞争异常激烈的时代，被动就会挨打，主动就可以占据优势地位。个人的事业、人生不是上天安排的，而是人们主动地争取的。在某个单位，有很多事情也许并没有人安排你去做，也有很多的职位空缺。如果你主动地行动起来，不但锻炼了自己，同时也为自己争取这样的职位积蓄了力量。但如果任何事情都需要他人来告诉你，说明你已经很落伍了。

主动是为了给个人增加实现自我价值的机会。社会、单位只能给个人提供道具，而舞台需要自己搭建，演出需要自己排练。能演出何种程度的精彩节目，能取得什么样的收视率，决定权在个人。

二、空杯的心态

人无完人。任何人都有缺陷，都有自己相对薄弱的地方。也许你在某个行业已经很成功，也许你在某个行业已经具备了丰富的技能，但是面对新的企业、新的经销商、新的客户，你仍然没有任何特别之处。你需要用空杯心态去重新整理自己的智慧，去吸收现在的、别人的、正确的、优秀的经验或技能。企业有自己的企业文化，有自己的发展思路，有自身的管理方法，只要是正确的、合理的，个人就应当去领悟、去感受，把自己融入企业中、融入团队中。否则，你永远是企业的局外人。

三、积极的心态

首先，个人需要具备积极的心态。积极的心态就是把好的、正确的方面扩展开来，同时在第一时间投入进去。一个国家、一个企业肯定有很多好的方面，同时也会有不够好的方面，这就需要个人以积极的心态去对待。尽管当前社会存在这样那样的问题，可是我们应该看到国家重拳出击的力度；尽管企业存在很多不尽合理的管理问题，可是我们应该看到企业管理风格在改变。也许个人在销售中遇到了很多困难，同时也应看到克服这些困难后的一片蓝天。因此，个人应该在第一时间就切入正确的角度，唯有在第一时间切入，才会唤起个人激情，才会使困难在个人面前变得渺小，未来变得可期。

积极的人像太阳，走到哪里亮到哪里、暖到哪里。消极的人像月亮，初一、十五不一样。当某种困难或阴暗现象呈现在你面前时，如果你过分关注就会变得消沉；如果你更加关注困难的排除、阴暗现象的改变，你就会感觉到自己心中充满阳光、充满力量。同时，积极的心态不但会使自己充满奋斗的激情，也会给身边的人带去向上的力量。

四、双赢的心态

亏本买卖没人做，这是商业规则。推销员必须站在双赢的立场上处理自己与企业之间、企业与商家之间、企业与消费者之间的关系，切勿为了自身利益而损害企业利益。没有大家哪有小家？企业首先是一个利润中心，如果企业都没有赢利，推销员显然也没有利益可言。同样，推销员也不能破坏企业与商家之间的双赢规则，只要某一方失去了利益，它必定会放弃双方合作。消费者满足自己的需求，同时企业实现自己的产品价值，这同样是一种双赢，损害任何一方的利益都会付出代价。

五、包容的心态

水至清则无鱼，“海纳百川，有容乃大。”我们需要锻炼同理心，需要接纳差异、包容差异。

六、自信的心态

自信是一切行动的原动力，没有自信就没有动力。一个快失去生命的人，如果有了自信，他也可以延长自己生命的长度。

可以通过以下方式建立自信：

（一）挑前面的位子坐

有一种普遍现象，无论是教学或教室人头攒动的公开场合，后排座位总是先被坐满，大部分选择坐后排座的人，都希望自己不要“太显眼”。他们不愿被人注目的原因就是缺乏信心，坐前排有利于培养自信心。不妨将其视作一个规则，从现在开始尽量往前坐。诚然，坐前面会比较显眼，但是，有关成功的一切都是显眼的。

（二）练习正视别人

人的眼神可以透露自己许多信息。当某人不正视你时，你通常会下意识地问自己：“他想隐藏什么呢？他怕什么呢？他会对我不利吗？”不正视他人通常意味着：在你身边我感到很自卑；我自我感觉不如你；我怕你。躲避他人的眼神意味着：我有罪恶感；我做了或想到不希望你知道的事；我担心一接触你的眼神，你就会看穿我。这些都是负面信息。正视他人意味着：我很诚实，而且光明正大。请相信我告诉你的话都是真的，我一点不心虚。

（三）把你走路的速度提高 25%

当大卫·史华兹还是一个小小少年时，到镇中心去是他最大的乐趣。在办完所有的差事坐进汽车后，母亲常常对他说：“大卫，我们坐一会儿，看看过路行人。”大卫母亲是一位拥有绝佳观察力的女士。她会说：“看那个家伙，你认为他正受到什么困扰呢？”或者“你认为那位女士要去做什么呢？”或者“看看那个人，他似乎有点迷惘。”观察人们走路实在是一种非常有趣的事儿。这比看电影便宜得多，还更有启发性。许多心理学家将懒散的姿势、缓慢的步伐与对自己、对工作以及对他人的不愉快感受联系起来。同时，心理学家还认为，人们借着改变姿势与速度，可以改变心理状态。你若仔细观察就会发现，身体的动作是心灵活动的结果。那些遭受打击、被排斥的人，走路大都拖拖拉拉，完全没有自信心。普通人有“普通人”走路的姿势，一副“我并不怎么以自己为荣”的模样。另一种人则表现出超凡的自信心，走路像跑步，比一般人快得多。他们用步伐告诉这个世界：“我要到一个重要的地方，去做很重要的事情，更重要的是，我会在 15 分钟内成功。”运用这种“走快 25%”的技术，抬头挺胸走快一点，你会感到自信心在蓬勃滋长。

（四）练习当众发言

拿破仑·希尔指出，有很多思维敏捷、智力超群的人，却无法发挥他们的长处参与讨

论。并不是他们不想参与，而是因为他们缺乏信心。在会议上沉默寡言的人大都认为："我的意见可能没啥价值，如果说出来，其他人可能觉得很愚蠢，我最好什么也不说。而且，其他人可能比我懂得多，我可不想让你们知道我的无知。"这些人常常会对自己许下遥遥无期的诺言："等下一次再发言。"但是，他们很清楚自己是无法实现这个诺言的。每当这些沉默寡言的人不发言时，他就又中了一次缺乏信心的毒，长此以往他会愈发丧失自信。从积极的角度看，一个人如果尽量多发言，就会增加他的自信心，下次发言也变得更容易。所以，一个人要争取多发言，这是信心的"维他命"。不论参加何种性质的会议，都要争取主动发言，也许是评论、也许是建议或提问，概莫例外。而且，最好避免最后发言。要勇做破冰船，争取第一个发言。即使争取不到第一个发言机会，也要用心引起会议主席的注意，获得发言机会。

（五）咧嘴大笑

大部分人都认可笑能赋予自己前进的动力，它是治疗信心不足的良药。但是仍有不少人持怀疑态度，因为他们在恐惧时，从不试着笑一笑。真诚的笑容不但能治愈自己的不良情绪，还能化解他人的敌对情绪。如果你真诚地向他人展颜微笑，他实在无法再对你生气。拿破仑·希尔曾经讲述过自己的亲身经历："有一天，我的车停在十字路口的红灯前，突然'砰'的一声，后面那辆车撞了我的车后保险杠。我从后视镜看到他下来，也跟着下车，准备痛骂他一顿。但是我还来不及发作，他就走过来对我笑，并以最诚挚的语调对我说：'朋友，我实在不是有意的。'他的笑容和真诚的话语彻底把我融化了。我只好低声说：'没关系，这种事经常发生。'转眼间，我的敌意变成了友善。"咧嘴大笑，你会觉得美好的日子又回来了。当然，笑就要露齿大笑，切勿半笑不笑令人不知所措。

（六）怯场时，不妨道出真情，即可平静下来

内省法由实验心理学鼻祖威廉·冯特提出，它是研究心理学的主要方法之一。此法要求很冷静地观察自己内心的情况，然后用语言客观地表述观察结果。如能充分运用此方法，把时时刻刻都在变化的心理秘密，毫不隐瞒地用言语表达出来，那就不会产生烦恼了。例如，初次来到一个陌生地方，内心难免疑惧万分，此时不妨将忐忑不安的情绪，用语言清楚地表达出来："我几乎愣住了，小心脏怦怦地乱跳，甚至两眼发黑，舌尖凝固，喉咙干得说不出话。"这样诚实地表达出来，不但可将内心的紧张感驱除殆尽，而且能使内心得到意外的平静。又如，一名美国推销员，当他还不熟悉这份工作时，竟然独自拜访了当时的美国汽车大王。他真的很紧张，情不自禁地说："很惭愧，刚看见你时，我真的害怕得话都说不出来。"这样反而成功地驱除了恐惧感，顺利地完成了拜访任务。

（七）用肯定语气消除自卑感

有的女士面对镜子，看到自己的身材或肤色时，忍不住会产生某种幸福感。相反地，有的女士却被自卑感所困扰。例如，当大家都是黝黑肤色时，自信的女士认为："我的皮肤呈小麦色，几乎可跟黑发相媲美。"而缺乏自信的女士却因此痛苦不堪："怎么搞的，我的肤色这么黑。"甚至有的女士看见镜子就丧失信心，一把将镜子摔破。由此可见，价值判断标准是非常主观而又含糊的。只要认为漂亮，怎么看都觉得漂亮；如果认为讨厌，怎么看都觉得不顺眼。所以说，否定性的语言，对于一个人的心理健康有百害而无一利。

古罗马著名诗人卢克莱修在《物性论》中奉劝天下人要多多称赞肤色黝黑的女士："你的肤色如同胡桃那样迷人。"只要不断地赞赏对方，这种肤色的女士即使明知自己皮肤黝黑，也会毫不在乎地专心化妆，而且会认为自己也是一位迷人的女性。接着，卢克莱修奉劝人们将"骨瘦如柴"换为"可爱的羚羊"，将"喋喋不休"换为"雄辩的才华"。可见，不同的语言可将同一事实完全改观，而且给人以不同的心理感受。总之，运用肯定或否定的措辞，可将同一事实描述成天壤之别的效果。在任何情况下，只要常用褒义、有价值的措辞或叙述法，完全可以驱除自卑感，享受令人愉快的生活。

（八）培养自信

缺乏自信时，与其沉浸在消极、否定的氛围中一蹶不振，不如暗示自己自信满满。有一学生团体，提倡举办比赛每年选出一位最符合现代美的大学生。这个学生团体派人到各大学、大街上去邀请那些漂亮姑娘参加这个比赛。通过层层选拔，姑娘们变得愈来愈美。工作人员感慨道："姑娘们愈来愈有自信了！"正因为"我要参加这个比赛"的积极态度产生了自信，使这些姑娘显得好美。丹麦有句格言："即使好运临门，傻瓜也懂得把它请进门。"如果抱着消极、否定的态度，即使好运来敲门，也不会请它进来。人生应该像砌砖块，一块一块地蓄积对人生积极、肯定的态度。一次次的小成就会逐步养"大"我们的自信心。

（九）做力所能及的事

做力所能及的事，个性就会显现出来。重要的是，与其急欲恢复自我形象，不如从事力所能及的事。"今日事今日毕"，不必留待第二天。

与大家分享一位摄影师的小故事。有一次，一位摄影师出席某个酒会。在前往酒会的途中，这位摄影师说："我戒酒了。"有人问："什么时候开始的？"他回答："刚才。"他真的把烟、酒都戒掉了。可能大部分人都会回答："待这次酒会过后。"或者"这次酒会是最后一次。"要知道"永远"也是一小时一小时累积起来的。请试着制作两张卡片，一张写"Go ahead"（做吧），另一张写"待会儿再做"，然后随身携带这两张卡片。当自己不太自信时，请抽出写着"Go ahead"的卡片鼓励自己。

七、行动的心态

行动是最有说服力的。千万句夸夸其谈不敌一次真实行动。我们要用实际行动去证明自己的存在、证明自己的价值；要用实际行动去关怀我们的客户、完成我们的目标。如果任何计划、目标、愿景都只停留在纸上，而不付诸行动，那么任何计划、目标、愿景都不可能实现。

八、给予的心态

意欲索取，首先应学会给予。没有给予，何来索取？我们应给予同事周到体贴的关怀；为经销商提供一站式服务；为消费者提供满足其需求的产品。唯有给予方能永恒。

九、学习的心态

活到老，学到老。学习不仅是一种心态，更是一种生活方式。21 世纪，竞争在加剧，实力和能力的比拼将愈加激烈。谁会学习，谁善于学习，谁就会成功。学习成了自己的竞争力，也成了企业的竞争力。

十、老板的心态

像老板一样思考，像老板一样行动。只有具备了老板的心态，你才会考虑企业的成长、企业的费用，才会深切地体会到企业的管理、培训都是自己的事儿，才会深刻地理解什么是自己应该做的、什么是自己不应该做的。反之，你就会当一天和尚撞一天钟，浑浑噩噩地过日子，认为自己不过是一名打工仔，与企业的命运无关。长此以往，你就不会得到老板的认同，也不会得到重用，打工仔将是你永远的职业。

一个人什么样的心态决定过什么样的生活。唯有心态端正，人们才会感觉到自己存在的意义；才会感觉到生活与工作的快乐；才会感觉到自己所做的一切都理所当然。

任务四　如何塑造阳光心态

塑造阳光心态的七种方法如图 11.1 所示。

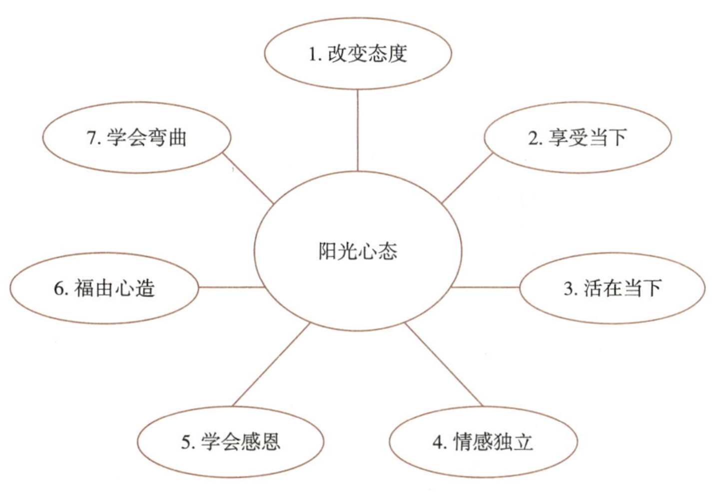

图 11.1　塑造阳光心态的方法

一、改变态度

案例分享

秀才赶考

在古代，有甲、乙两名秀才去赶考，他们在路上看到一口棺材。秀才甲嫌弃地说："真倒霉，碰上了棺材，这次考试死定了。"秀才乙却喜笑颜开，高兴地说："棺材棺材，升官发财，看来我的运气来了，这次一定能考上。"果然，答题时，两人的努力程度完全不一样，结果秀才乙真的考上了。回家后，他们各自跟自己的夫人说："那口棺材可真灵啊。"

【分析】改变不了事实，就改变对事实的态度。一个人因为某一事件的发生所受的伤害，不如他对事件的看法更严重。事件本身不重要，重要的是人对事件的看法。"塞翁失马，焉知非福"告诉人们改变对事件的态度，将会收获意想不到的结果。改变态度往往能产生激情，有了激情就有了斗志，结果往往因此发生反转。心态可以影响一个人的能力，能力可以改变人的命运。保证眼前好心情是保证一天好心情的基础。一个人如果能每天保证好心情，那么就会获得很高的生命质量，体验他人无法企及的精彩生活。

二、享受过程

案例分享

一语点醒梦中人

有一位年轻人看破了红尘，每天什么事都不干，懒洋洋地坐在树底下晒太阳。一位智者问："年轻人，大好时光，你怎么不去赚钱？"年轻人回答："没意思，赚了钱还得花。"智者又问："你怎么不结婚？"年轻人回答："没意思，弄不好还得离婚。"智者继续问："你怎么不交朋友？"年轻人回答："没意思，交了朋友弄不好还会反目成仇。"于是，智者递给他一根绳子，嫌弃地说："你干脆现在上吊吧，反正早晚也得死。"年轻人大惊，回答道："我现在不想死。"

享受生命过程，精彩每一天。如果你不懂得享受生命过程，那么生活总是抑郁不得志，落落寡欢。

三、活在当下

与大家分享一个禅学故事。一个人被老虎追赶，他拼命地跑，一不小心掉下了悬崖，全靠他眼疾手快地抓住了一根藤条，身体顿时悬空。他抬头一看，老虎在悬崖边盯着；低头一看，万丈深渊在下边等着；没办法，他往侧边一看，居然发现藤条边长着一颗熟透的草莓。现在，他有上去、下去、悬在半空吃草莓三种选择。最后，他选择了吃草莓。吃草莓代表活在当下。因为，此情此景下这个人能把握住的只有那颗草莓。

四、情感独立

情感独立，就是切勿将自己的幸福寄托在他人身上，切记能把握住的唯有自己。为未来忧心忡忡纯属庸人自扰人最好考虑力所能及的事情，力所能及则竭尽全力，力所不能及则任由它去。清华大学经管学院博士生录取比例为 50 ∶ 1，竞争非常激烈。有人说："我要是考不上多丢脸啊，我的未来怎么办啊？"老师会告诉你："48 个人跟你一样考不上，你能把握的就是努力考试，把考试当作人生的一个经历。"

五、学会感恩

案例分享

感恩信

洛杉矶的一家旅馆。每天早晨，三个黑人孩子都要在餐桌上埋头写感谢信。这是他们每天的必修课。老大在纸上洋洋洒洒地写了很多字，妹妹则写了五六行，弟弟最少只写了两三行。内容包括"路边的野花开得真漂亮""昨天吃的比萨饼很香""昨天妈妈给我讲了一个很有意思的故事"等类似语句。原来他们写的感谢信并不是专门感谢妈妈帮了他们多大的忙，而是记录他们幼小心灵感觉到的幸福点滴。

【分析】孩子们还不知道什么叫大恩大德，但是知道对美好事物都应心存感激。他们感谢母亲的辛勤劳作，感谢同伴的热心帮助，感谢兄弟姐妹之间的相互理解……他们对许多我们认为的理所当然都怀有一颗“感恩的心”。西方有句格言：“怀着爱心吃菜，比怀着恨意吃牛肉都要香。”学会感恩，就会获得好心情。学会感恩，就会懂得尊重他人，发现自我价值。

六、福由心造

面对同一种状况，不同的人有不同的心情、不同的理解。例如，有一只鸟在天上飞，一位锄地的农夫叹气道：“它真苦，为了一口粮食到处飞。”同时，一名倚窗的少女也看见了这只鸟，她叹气道：“它真幸福，有一双美丽的翅膀。”

可见，幸福在本质上与财富、地位和权力无关，它由思想、心态所决定。一念“天堂”，一念“地狱”。一个人想获得什么就应当秉持什么心态。

七、学会“折腰”

刀再锋利，如果一碰即断，也没多大用处。我们不妨向太极拳学习，以柔克刚；向古钱币学习，外圆内方。

“折腰”是一门人生艺术，它不是退让、不是毁灭、不是懦弱、不是妥协。“折腰”是在艰难逆境中作出的明智选择，是退一步海阔天空的博大胸怀。

案例分享

加拿大魁北克省有一条南北走向的山谷。山谷没什么特别之处，唯一能引人注意的是它的西坡长满松、柏、柘、女贞等杂树，而东坡只有雪松。这一奇特景观始终是一个谜，谁也不知道谜底是什么！

1983 年冬，大雪纷飞，有两名旅行者来到这个山谷。他们支起帐篷，静静地看着漫天飞舞的大雪，突然发现，由于风向特殊，山谷东坡的雪总比西坡的雪来得大。不一会儿，雪松上就积了厚厚的一层雪。当雪积到一定程度时，富有弹性的雪松枝丫就开始向下弯曲，于是积雪便从雪松枝丫上滑落，当压力减轻，刚弯下的树枝又立即反弹回来，雪松依旧保持着苍翠挺拔的身姿。就这样，反复地下，反复地弯，反复地落，反复地弹……不论雪下得多大，雪松始终完好无损。于是，东坡和西坡树种不同的谜底终于揭开了：东坡雪大，其他的树没有雪松这一“弹跳”本领，树枝一次次被积雪压断，渐渐地丧失了生机。而西坡雪小，树上少量的积雪根本压不断树枝，所以松、柏、柘、女贞等杂树，都存活了下来。

两位旅行者为这一发现感到异常兴奋。其中一位说：“我敢肯定，东坡也曾长过杂树，只是由于不会弯曲才被大雪摧毁了。”

模块十二
压力管理

模块导读

职场压力是指人在职场中内心承受的压力。职场压力是压力的一种，是工作本身、人际关系、环境因素等外在条件给人们造成的一种紧张感。压力过大或者这种紧张感过于持久就会造成人的焦虑烦躁、抑郁不安等心理障碍，甚至造成心理疾病，严重者可能导致精神问题。

学习目标

1. 掌握压力的相关概述。
2. 掌握压力管理的相关概述。
3. 让学生知道如何进行压力管理。

任务一　压力管理

一、压力的内涵

从物理学的角度看，压力是指垂直作用于流体或固体界面单位面积上的力。而我们要了解的是心理学角度的压力即心理压力。心理压力即精神压力，现代生活中的每个人都有所体验。总的来说，心理压力包括社会、生活和竞争三个压力源。压力过大、过多会损害身体健康。现代医学证明，心理压力会削弱人体免疫系统的屏障作用，导致外界致病因素引起肌体患病。现代生活的压力，像空气一样时时刻刻都在挤压着人们的身心。心理压力是个体在生活适应过程中的一种身心紧张状态，源自环境要求与自身应对能力的不平衡而产生。这种紧张状态倾向于通过非特异的心理和生理反应表现出来。

完全没有心理压力的情况是不存在的。假定有这种情形，那么一定比有巨大心理压力的情形更可怕。也就是说，没有压力本身就是一种压力。

二、压力的种类

（一）按照人对压力的承受程度分类

1. 轻度压力

轻度压力是指个体能够容忍、可以处理而且不会产生严重后果的压力。在通常情况下，大部分的压力都属于轻度压力。

2. 过度压力

过度压力是指超过个体所能容忍、无法因应而且会造成严重后果的压力。

（二）按照压力产生的效果分类

1. 积极压力

积极压力是指就长期而言，会产生正面、积极与顺遂结果的压力。例如：就任新职、参加竞赛或结婚。

2. 消极压力

消极压力是指就长期而言，会产生负面、消极与不良后果的压力。例如：失业、生病或离婚。

（三）按照人对压力的反应程度分类

1. 轻压力

轻压力是指能激发人们变得更警觉、积极及机智的压力。

2. 中压力

在中压力下，人们对所处的环境变得不那么敏感，容易急躁，并且有过于依赖某些因应方式的倾向。

3. 重压力

重压力是指令人压抑，且可能导致冷漠与僵化的压力。有重压力反应的人，再次面对

极度的挫折或困难时，仍会感到无助。

（四）按照压力的性质分类

1. 正面压力

正面压力是指产生压力反应的压力源是正能量事件。正能量事件之所以会引起压力反应,主要原因在于为了满足个人的正当需求,与正能量事件有关方面应主动改变或调适自己。

2. 负面压力

负面压力是指产生压力反应的压力源是负能量事件。大部分的压力都是负面压力，例如塞车、离婚等。

三、压力大的表现

案例分享

某大三学生，在自习室看书时，总担心有人坐到身旁干扰自己，精神不能集中，无法安心看书，甚至讨厌周围坐着其他同学。对同寝室室友外放音乐的行为十分反感，尤其是午休时总担心室友发出其他声音，导致经常休息不好。面对未来，心中一片茫然，担心成绩不够理想，担心找不到理想的工作。该同学家在农村，经济状况一般，父母平时省吃俭用供他上学。父母将希望全都寄托在他身上，对他的期望值很高，对他的要求也非常严格，甚至严厉到伤害其自尊。该同学压力很大，平时都不愿回家。其性格趋于内向、自卑，缺乏自信，生活态度也比较消极，认为一切都不顺心如意。近来尝试改变自己，却不知从何着手，效果也不佳。心情越来越糟糕，对任何事情都提不起兴趣。

思考：案例中的主人公为何出现这种心理？

____

____

____

____

当人承受压力时，其生理、情绪和行为等方面都有所体现，现从这三个方面进行阐述。

（一）生理方面

心悸、胸部疼痛、头痛、掌心冰凉或出汗、消化系统紊乱（例如：胃部不适、腹泻、恶心、呕吐等）。

（二）情绪方面

易怒急躁、忧虑、紧张、冷漠、焦虑不安、情绪崩溃等。

（三）行为方面

失眠、嗜烟酒、办事拖沓、迟到、缺勤、停止一切娱乐、嗜吃或厌食、吃镇静药等。

课堂测试

心理压力测试

请对下列各题作出“是”或“否”的回答：

1. 因发生了某些出乎预料的事，你感到心烦。
2. 你感觉到生活中的重要事情已经失控。
3. 你常常感到紧张和压力。
4. 你感觉应付生活中有威胁性的争吵很吃力。
5. 你感觉应付生活中发生的重要变化很吃力。
6. 你对把握自己的个人问题没有信心。
7. 你感觉事情不是按照你的意愿发展。
8. 你发现自己不能应付必须做的所有事情。
9. 你不能控制生活中的一切烦恼。
10. 你觉得自己方方面面都是失败的。
11. 你会因事情发生在自己能控制的范围之外而烦恼。
12. 你发现自己经常考虑那些必须完成的事情。
13. 你不能控制消磨时间的方式。
14. 你感觉积累的困难完全不能克服。
15. 你很不喜欢出席朋友、同学的生日会，以免花钱。
16. 若刚买的鞋穿一天就裂口，你会气愤、痛苦地抱怨。
17. 你总是忘不掉跟好朋友生闷气这件事。
18. 当压力很大时你只会默默地压抑自己的情感，而不会与人争吵。
19. 你会因好朋友调岗而难过得不想面对现实。

评分规则：

“是”为1分、“否”为0分，各题得分相加为总分。

结果分析：

0～6分：你能应对生活中的许多事情，但有时也会有烦恼，这是正常状态。

7～14分：你有轻微的心理压力，虽然常常体验到不必要的烦恼，但生活中的问题基本上都能妥善处理。你应学会调节自己的心情，保持轻松愉快的心境。

14～20分：你正在承受巨大的心理压力，生活中的许多问题你都不能处理，因此你很紧张、不安，进而影响你的学习、生活和身心健康。你应尽快改变这种状况，否则将严重影响你的学习、生活和身心健康。

四、压力来源

压力来源是指引起压力反应的因素。

（一）人格因素

1. A 型人格者

他们较有进取心、侵略性、自信心、成就感，容易紧张，从而造成压力。由于自我期

望过高，以致A型人格者在心理和生理上负担都十分沉重。他们被自己顽强的意志力所驱使，抱着“只能成功，不能失败”的坚定信念，不惜牺牲自己的一切，包括宝贵的生命，拼命奔向超出自己实际能力的既定目标。由于他们长期生活在紧张氛围下，其思想、信念、情感和行为的独特模式，源源不断地产生内部的紧张感和压力。

2. B型人格者

他们常常满足于现状，知足常乐，内心平静，没有大的情绪波动。正是因为这种不温不火的性格特征，导致B型人格者抗压能力较强。

（二）个人因素

①日常烦恼，家中停水、停电。

②人际问题，如同学关系欠佳。

③身心健康问题，如生病。

④财务问题，如贷款买房。

⑤重大生活事件，如亲人病逝。

⑥可怕经历，如遭遇抢劫。

（三）工作因素

1. 时间性压力源

工作过多，“忙”；缺乏控制，“茫”。

2. 遭遇性压力源

角色冲突（角色互不相容）、问题冲突（意见不统一）、行为冲突（对抗与敌意，不好相处）。

3. 情境性压力源

令人不适的工作环境、瞬息万变的时代变革。

4. 预期性压力源

令人不快的预期、担忧。对于在校生而言，也会承受来自各方面的压力，主要体现在以下三个方面：

（1）来自家庭的压力

你的个性中隐藏着完美主义，对从小生活的家庭更是充满了依恋与期待，认为家庭能为你提供足够的力量，同时，家庭也能带给你不小的压力。

（2）来自自己的压力

你总是习惯于将自己摆在社会价值的天平上进行衡量，而你也经常不由自主地将自己与朋友进行比较。因此，不管学习、爱情或生活，你总是以严谨的态度去对待，这会让你喘不过气来。

（3）来自人际关系的压力

对于非常重视人际关系的你来说，应接不暇的应酬，让你无所遁形。好人缘有时也是一种包袱，所谓“人在江湖，身不由己”。

（4）来自学习或工作的压力

上进的你在工作上相当投入，即便在学业上也希望能更上一层楼。在上司或师长的高期许下，你多少会有压力。

课堂测试

你的压力来自哪里？

题目：什么物品是你出门一定要随身携带，否则整天都会感觉空落落、没有安全感，老是少了什么似的？

（1）护身符；（2）面巾纸；（3）手表；（4）手机。

结果分析：

____

____

____

____

任务二　压力管理的概述

一、压力管理的含义

案例分享

有一位讲师在压力管理课堂上拿起一杯水，然后问观众：“各位认为这杯水有多重？”观众说 20 克、500 克不等，讲师接着说：这杯水的重量并不重要，重要的是你能拿多久？拿一分钟一定没问题；拿一小时，可能觉得手酸；拿一天，可能得叫救护车。其实，这杯水的重量是恒定的。拿得越久，就觉得越沉重。就像我们承担压力一样，如果压力一直在我们身上，不管时间长短，最后都会觉得压力越来越沉重以致无法承担，所以我们必须放下这杯水，休息片刻再拿起；只有这样，人们才能拿得更久。所以，人们应懂得适时放下并好好休整，然后再出发，方能持久。

【分析】压力管理就是个体利用有效方法应对在压力情况下的生理、心理唤起。压力管理可分为两部分：一是针对压力源造成的问题本身去处理；二是处理压力所造成的反应，即情绪、行为及生理等方面的缓解。

二、压力管理的误区

心理学研究表明，压力是一种客观存在，它本身并不会对人产生危害。伤害人类的是人类自己对压力的认知和态度，很多时候，由于认知的偏差，压力管理往往会走入误区。常见的压力认知误区有以下三个。

（一）误区一

过于忧虑，承受了过多不必要的压力。经心理学家研究发现，造成压力的事件中，有 40% 永远不会发生，例如世界末日；有 30% 的担忧归结于过去所做决定的结果，是无法

改变的；有 12% 的担忧来自他人因自卑而作出的批判；有 10% 的担忧与健康有关，越担心越严重；最终，只有 8% 的担忧是合理的。

（二）误区二

认为那些没有产生冲击性负面影响的微小压力不会对自己造成伤害。事实上，如果长期处于持续性压力作用下，即便这些压力比较小，长时间作用也会对人造成伤害。

（三）误区三

所有压力都必须消除。这种误解表现在两个方面：首先，并非所有的压力都可以消除，能消除的只是其中的一部分。其次，并非所有的压力都是“坏”的。压力是一把双刃剑，有消极的一面，也有积极的一面。适度的压力可以使我们对周围的环境保持警觉性，帮助我们加深自我认识，甚至帮助我们制订更现实的目标，增强我们的自信心和成就感。

三、为什么要进行压力管理

据国际劳工组织发表的一项调查数据显示，在英国、美国、德国、芬兰和波兰等国家，每 10 名员工就有 1 人处于忧郁、焦虑、压力或过度工作的环境；在芬兰，心理健康失调是发放伤残津贴的主要原因，有 50% 的劳工或多或少都有与压力有关的症状，有 7% 的劳工因工作过度而导致过度劳累或睡眠失调等症状；在挪威，每年用于职业病治疗的费用，高达国内生产总值的 10%；在美国，有 37% 的员工报告工作压力增加了，到医院就医的员工中有 75% ~ 90% 的人抱怨工作压力太大。据估计，美国每天约有 100 万名员工为了逃避工作压力而缺勤，每年由于工作压力会损失 5.5 亿个工作日。

从 20 世纪到 21 世纪初，人类社会发生了空前的变化，科技飞速发展，社会进步日新月异，发明创造不断涌现，人类奥秘被不断探索。随着时代的高速发展，人类也在不断地改变和提升自己，以应对越来越激烈的社会竞争。在这一过程中，每个人都承受着不同程度的压力，成就越高，责任越大，压力也越大。同时，令人不可思议的是，人们掌握了如何让自己取得成功的知识和技能，却没有学会如何面对压力和如何有效地管理压力的能力，因此由各种压力引发的社会问题层出不穷。

任务三　如何进行压力管理

案例分享

胡萝卜、鸡蛋、咖啡豆

一个女孩刚大学毕业参加工作，向父亲抱怨她的生活、工作事事都不顺心。她不知道该如何应对这些压力，一个问题刚解决，新的问题又出现了。在这巨大压力的驱使下，她甚至想辞职不干了。女孩的父亲是一名不善言辞的厨师，听完女儿的抱怨，他一句话也没有说，而是把女儿带进了厨房。到了厨房，他先往三口锅里各倒了一些水，然后放在火上烧，不久锅里的水开了。他往第一口锅里加了些胡萝卜，第二口锅里加了几个鸡蛋，第三口锅里加了些碾成颗粒状的咖啡豆，然后继续煮。女儿纳闷地看着父亲，不知何意。约 15 分钟后，父亲把火关了，他把胡萝卜和鸡蛋分别装在两个碗里，然后把咖啡舀到一个杯子里。做完这一切，他转身问女儿："你看到了什么？""咖啡、鸡蛋和胡萝卜。"女孩老老实实地回答。

父亲让女儿用手去摸摸胡萝卜，女孩惊奇地发现，胡萝卜变软了；接着，父亲又让女儿剥开一只鸡蛋，女孩看到的是一只煮熟了的鸡蛋；最后，父亲让女儿品尝香浓的咖啡。女儿不解地问："爸爸，你要告诉我什么？"父亲解释道，这三种物品面临的是同样沸腾的开水，但"反应"却各不相同。一开始胡萝卜是坚硬、结实的，但放进开水锅之后，一会儿它就变软了；鸡蛋本质易碎，薄薄的外壳包裹着液态的蛋液，经开水一煮，它却变硬了；而颗粒状的咖啡最独特，加入沸水后，它改变了水的结构并在高温下散发出浓郁的香味。"当逆境和压力找上门时，你会如何反应？你是胡萝卜、鸡蛋还是咖啡？"父亲反问道。

【分析】人，只要活着就会无时无刻不在面对各种压力与挑战。若一个人无法战胜压力，那么他就永远无法享受到功成名就之后的乐趣。

一、压力诊断

可将上述"压力过大的表现"症状当作预警信号来诊断自己是否压力过大，同时，根据压力来源，找出：①目前我的压力有哪些？②我的压力是什么？以便有针对性地缓解压力。

课堂测试

诊断自我压力状况，过去一个月内是否出现过以下情况？

1. 觉得手上事情太多，无法应付。
2. 觉得时间不够，所以要分秒必争。例如：过马路时闯红灯、走路和说话的节奏都很快。
3. 觉得没有时间消遣，终日惦记工作。
4. 遇到挫折时很容易发脾气。
5. 过分关注他人对自己工作的评价。
6. 觉得上司和家人都不欣赏自己。
7. 担心自己的经济状况。
8. 有头痛 / 胃痛 / 背痛的毛病，难以治愈。
9. 借助烟酒、药物、零食等抑制不安的情绪。
10. 需要安眠药助眠。
11. 与家人 / 朋友 / 同事的相处经常令你发脾气。
12. 与人交谈时，经常打断对方的话题。
13. 上床后觉得思潮起伏，还有很多事情牵挂。
14. 工作太多，不可能每件事都做到尽善尽美。
15. 当空闲时放松一下也会觉得内疚。
16. 做事急躁、任性，事后常常感到内疚。
17. 觉得自己不应该享乐。

计分方法：

从未发生计 0 分，间或发生计 1 分，经常发生计 2 分。

诊断结果：

0 ～ 10 分：精神压力程度低，但生活可能缺少刺激、比较沉闷，做事的积极性不高。

11 ～ 15 分：精神压力程度中等，虽然有时感觉压力较大，但仍可应对。

16 分或以上：精神压力偏大，应认真反省压力来源并寻求解决方法。

二、压力缓解

（一）启动减压阀

当压力较大时，首先要启动减压阀，释放部分压力，以免炸锅。每个人都有适合自己的减压阀。例如，停下手中的工作休息片刻、走出工作场所呼吸新鲜空气等方式都可以放松大脑，防止压力情绪的形成。切勿放任压力情绪的蔓延，要学会正确地释放压力。

1. 转移并释放压力

暂时离开压力源，从事体育运动或者唱歌或者给自己放个假，彻底放松一下。

2. 泡泡热水澡，然后好好休息

休息是为了更好地工作。科学家指出，每日午睡片刻，不仅可以延年益寿，还可以提升表现力。研究表明：每日睡眠 4 小时的人，比每日睡眠 8 小时的人死亡率高 18%，每日睡眠少于 8 小时的人，精神集中程度下降 30%，工作效率下降 20%，能力发挥仅为 76%。

3. 与关系密切的朋友聊聊天

或许你很要强，不愿意将脆弱的一面展示在他人面前。但是，将所有的不快存放在心底只会令自己更加郁郁寡欢，若将烦恼与要好的朋友聊一聊，也许会有意想不到的效果。一是倾诉本身可以使你的心情变得舒畅，二是通过与朋友们的交谈，你会发现，自己的烦恼不算啥，朋友们的烦恼可大多了，你会突然变得心胸开阔起来，压力瞬间得到释放。

（二）问题应对

初步减压后，就需直面压力源。正视存在的问题，进行深入、具体的分析，并寻找解决方案。争取以最有效的方式解决问题，将负面压力转化为正面动力。压力问题大致可分为三类：

1. 可以克服的困难

我们应摆正心态，鼓足勇气去面对。秉持积极乐观的态度和一往向前的勇气，认真分析压力事件，拟定解决方案，按计划实施方案。当然，需讲究策略和技巧，并根据推进情况，随时调整计划。

2. 无法逾越的障碍

对于确实无法达成的目标，无须勉强，压力自然随风而逝。

3. 无法控制的事情

有人总结说天底下只有三件事情：一是“自己的事”，例如：晚饭吃什么、要不要考个驾照……，即自己能安排的事情皆属之；二是“别人的事”，例如：小张好吃懒做、小李新买的衣服很漂亮、我帮助别人却未得到感谢……，即别人主导的事情皆属之；三是“老天爷的事”，例如：会不会刮风、地震、发生战争等，即个人能力或权限范围以外的事情皆属之。但人的烦恼往往来自于：忘了自己的事，爱管别人的事，担心老天爷的事。所以，我们应打理好“自己的事”，少管“别人的事”，不管“老天爷的事”，不给自己增添无谓的压力。

（三）情绪应对

人往往不是被事件本身所困扰，而是被他人对事件的看法所困扰，如果不能改变事件本身，不妨改变自己对事件的认知。学会积极正向的思维方式，养成客观辩证的思维习惯。某些造成人们很大压力的问题或事件，或许只是被人为地夸大了：“事件原本并没有想象中那么糟糕”“还有很大的回旋余地”“即使一败涂地，还有重新站起来的机会”。

三、提升抗压能力

每个人的抗压能力是不同的。对于企业来说，更倾向于选择抗压能力强的员工。因此，做好压力管理，除了减压外，人们还要增强自身的抗压能力。

（一）做好情绪管理，提升情商

缓解压力的重要方法之一就是转化对压力问题的情绪应对，因此，拥有良好的情绪管理能力并逐渐提升自己的情商，抗压能力自然会得到极大提升。例如，遭遇批评时，我们不妨“厚脸皮”地、诚恳地接受建设性意见。那么，压力感自然会消解，抗压能力自然会得到提升。

（二）做好时间管理，让生活井井有条

有条不紊、井然有序的日程安排可以消除人们的紧张情绪，助力完成大量的工作。如果人们无法同时进行一件以上的事情，可以在一个时间段内专注于处理一件事情。美国心理辅导专家乔奇博士发现，构成忧思、精神崩溃等疾病的主要原因是患者面对多个急需处理的事情，精神压力太大而引起的精神疾病。要有意识地减轻自己的精神压力，尽量不同时进行一件以上的事情，以免心力俱疲。

（三）养成好习惯，发挥“减压阀”作用

每个人都有自己的“减压阀”，但很多人往往沉浸在压力中不能自拔。如果能有效地平衡工作与休息时间，经常锻炼身体，避免精神和体力上的过度疲劳，自然而然就提高了自身的抗压能力。研究表明：10 分钟的散步能带来随后 2 小时的精力充沛，并能有效减轻紧张感和疲劳感。

课堂作业

通过本章的学习，对自己的学习和生活进行压力管理。请按照压力管理的步骤写下你的压力管理策略。

____

____

____

____

模块十三 成功源于坚持

模块导读

坚持的过程是枯燥的、难熬的，也是不被人理解的。当人们全力以赴地攻坚克难时，总会遭遇重重阻力，阻碍人们前进的步伐。但坚持往往是成功的代名词，想要成功、想要实现自己的梦想就必须坚持到底。

学习目标

1. 掌握坚持的相关概述。
2. 掌握大学生应该坚持的事情。
3. 学会如何坚持。

任务一　坚持的概述

案例分享

洛　奇

在美国，有一位贫穷的年轻人，他没有一件像样的衣服，但仍然坚持着自己的梦想：做演员、拍电影、当明星。

当时，好莱坞共有 500 家电影公司，他逐一数过，并且不止数一遍。后来，他又根据自己规划的路线与公司名单，带着自己写好的剧本一一登门拜访。第一遍拜访下来，没有一家电影公司愿意聘用他。这位年轻人没有灰心，接着，他又从第一家开始，继续第二轮拜访与自我推荐。第二轮拜访完毕，仍然没有一家电影公司愿意聘用他。第三轮拜访结果与第二轮相同。这位年轻人咬牙开始第四轮拜访，当拜访第 350 家电影公司时，老板破天荒地答应他留下剧本先看一看。几天后，年轻人接到通知面商细节。经过商谈，这家公司决定将此剧本拍摄成电影，并请这位年轻人担任男主角，最终这部电影取名《洛奇》。

这位年轻人就是西尔维斯特·史泰龙。翻开世界电影史，电影《洛奇》与这位红遍全世界的巨星皆榜上有名。

【分析】坚持的字面意思可理解为坚决保持住或进行下去。从成功学的角度看，坚持是一个持续性的过程。坚持是意志力的完美体现，是成功的代名词。想要实现自己的梦想，就要坚持不懈地努力，因为成功贵在坚持。

人生旅途上，挫折总是我们通往成功的绊脚石。如果说挫折是一把锁，那么坚持就是开锁的钥匙。无论工作或者生活，最艰难困苦的时刻，也是最接近成功的时刻。只要你学会坚持，不断地总结经验教训，成功终将到来。坚持与成功始终有着某种神秘关系，坚持不一定会成功，但是不坚持，绝对不会成功。

> 每个人都向往成功，但是只有少数人能够真正成功。原因在于只有少数人舍得吃苦，能坚持下去。任何人想要成功都必须付出比其他人多得多的汗水，懂得充分利用一切可以利用的资源，最后获得成功。
>
> ——全球首席成功学大师安东尼·罗宾

课堂游戏

以同一性别为分组原则，将班级同学分为 2 ~ 3 组，每组成员围成一圈，每名成员都将自己的手放在前面成员的肩上。根据老师的指令，每名成员慢慢坐在后面成员的大腿上。分别计时，记录每一小组坚持的时长。游戏时间控制在 20 ~ 30 分钟。游戏结束后，各小组成员分享对游戏的感悟。

任务二　我们应该坚持的事情

生活中，我们每一个人都扮演着不同的角色，发挥着不同的作用。无论扮演什么角色，都必须坚持此角色赋予的底线。本章主要从学生和职场人角度阐述我们应该坚持什么？

一、作为学生，我们应该坚持的事情

（一）坚持上好每一节课

学习是学生的天职，在这个终身学习与充满竞争的社会，不仅仅学生，包括社会上的每一个人，都必须依靠不断地学习才能与时俱进，才能提升个人素质。懂得主动学习的人，才会拥有更多选择未来生活的权利。学习是成才发展的必由之路，面对竞争与挑战，作为学生必须努力学习，以积极的心态、主动的姿态，接受时代的挑战，迎接自己美好的明天。从学生角度来看，学习更多的是对书本知识的学习和技能的学习。大学教育是绝大多数人进入社会前的最后一个缓冲区也是最关键的时期，在接受了小学、初中、高中的应试教育后，大学更多地培养学生的专业技能和对社会的认知能力。在大学阶段，除了不断成熟的价值观念、人际关系以外，最重要的是对专业知识的学习。对于不同的学生而言，上课和坚持上好每一节课的概念和意义是完全不同的。从大学课程设置来看，每一课时的设置都是对教学计划的严格分解，它对应的不是简单的四五十分钟的教学，而是对某一个知识点甚至理论的条分缕析，所以上好每一节课都是系统知识的不断累积。而且，在体验式课堂教学越来越普遍的情况下，如果不去上课，损失可能会更严重。情景式教学和实践性项目，可使学生在参与和体验中从思想和心理方面得到启发，在特定时间和环境下思考、发现、领悟的知识，是其他任何教学形式都达不到的效果，所以坚持上好每一节课非常重要。

思考：怎样才能坚持上好每一节课？

____

____

____

____

（二）坚持完成每一份作业

对于学生而言，作业再熟悉不过了。大学作业不再拘泥于作业本，表现形式变得多种多样。例如：写一篇论文、实际操作一套模型等。那么，大学作业的意义何在？企业对人才的需求，往往希望大学生具有很强的实践操作能力，学生如何将老师在课堂上讲授的知识真正消化，转变成自己的知识，关键之处并不在于老师讲述得精彩与否，而是学生能否及时将理论化的知识应用于实践操作，因而老师布置的每一份作业就显得尤为重要。检验教与学是否完美结合的最直接体现就是作业的完成情况，尤其是对动手能力及专业技术要求比较高的专业，对学生课堂作业及课后作业的要求更高。因此，要真正掌握专业技术，高质量完成每一份作业必不可少。

思考：当具有一定难度的作业不断出现时，怎样才能坚持不放弃？

____

____

____

____

（三）坚持有效利用每一分钟

时间是最宝贵的资源，同时也是最大的敌人，做好时间管理就能享受愉悦的生活和工作。能掌握每一天，就能掌握一生；能掌握每一分钟，就能掌握每一天。很多人对以天或者以小时为单位的时间流逝感到恐慌，却常常忽略每一分钟的流逝，殊不知每一分钟的流逝都意味着源源不断的时间管理失策。因此，我们应充分利用时间管理三部曲，才能悦享生活和工作。首先要学会记录时间，其次要对时间范围内的活动进行诊断，最后做好计划。以下是对一天时间进行管理所作的尝试。

第一步，记录活动时间，追踪流向，将每日活动的起止时间、使用时间、活动计划、活动重要及紧急与否进行记录。

每日活动记录表

姓名： ××××年××月××日

活动	起止时间	使用时间	计划 / 中途插进	重要及紧急性	评语

第二步，填写时间管理诊断表，根据每一问题，逐一如实填写。

时间管理诊断表
1. 今天做了哪些有意义的事情？
2. 今天有哪些事情是在适当的时间做的？
3. 今天有哪些事情是在不适当的时间做的？为什么要在不适当的时间做这些事情？
4. 今天在哪一时段完成了最重要的事情？为什么要在这段时间进行？这件事情能否提前做？
5. 今天最有效率的是哪一段时间？为什么这段时间最有效率？
6. 今天效率最低的是哪一段时间？为什么这段时间效率最低？
7. 今天学习的最大干扰是什么？为什么会产生干扰？这个干扰能否控制或排除？
8. 今天最严重的三个时间陷阱是什么？这些陷阱能否避免？
9. 今天做了哪些不必要的事？

续表

时间管理诊断表
10. 今天做了哪些不需要亲自动手的事？
11. 今天花费了哪些时间做重要的事？
12. 今天花费了哪些时间做不重要的事？
13. 今天有哪些事情本应花费更多的时间去做？
14. 今天有哪些事情可以花费较少的时间又不至于降低效果？
15. 从明天开始应该怎样做才能改进时间管理的效果？

第三步，重新计划时间。

时间计划表				
事件	起止时间	使用时间	优先顺序	备注

按照上述时间管理三部曲，我们对时间进行重新梳理，发现在24小时这一有限时间内，我们可以使每天产生的效果最大化。

1. 坚持锻炼身体

关于身体健康对学习和生活的影响，早已是人们讨论的普遍话题。在经济高速发展的今天和人们对高品质生活的不断追求下，“身体是革命的本钱”早已演变成“身体是一切的本钱”。因此，在大学阶段提升大学生身体素质的重要性愈发凸显。很多人愿意锻炼身体，但是只有极少数人能长期坚持。所以，我们首先应当找到激发人们坚持运动的因素，即运动过程中感觉良好，能时刻保持精力充沛；在运动中能享受到纯粹的快乐；运动能保持思维敏捷、放松体态和心态等。我们在这些因素的激励下制订锻炼计划，最终会形成一种习惯，一个人也能坚持不懈地锻炼，久而久之在工作和生活中往往表现出超乎常人的坚定与毅力。

案例分享

坚持锻炼身体

一代伟人毛泽东就是坚持锻炼身体的典范。毛主席在12岁时曾经得过一场大病，从此意识到身体的重要性，后来在湖南第一师范校学习时，他就特别重视锻炼身体，经常参加各种体育锻炼，并且把锻炼身体与磨炼意志结合起来。

每天坚持洗冷水澡：湖南第一师范校门口有一口水井，毛主席的老师杨济昌天天坚持在井边进行冷水浴，毛主席也有模有样地效仿。每天蒙蒙亮，他就穿着短裤来到井边，把水一桶一桶地吊上来，从头到脚冲洗全身，然后用毛巾擦干，擦了又淋，淋了再擦，直至擦得浑身通红为止，即使是寒冬也坚持不懈。毛主席洗冷水澡一坚持就是几十年，解放后，他年岁大了，洗澡时也仅用温水，不用热水。他说："一个经常注意锻炼身体的人，便不会被风雪的寒冷所吓倒。我练习过冷水浴，现在年纪虽然大了，冬天还可以不洗热水澡，小小的寒冻也还经得住。"可见，锻炼的确是一件非常重要的事情。

一生坚持游泳。毛主席非常喜欢游泳，可以说坚持了一辈子。他家门口有两个水塘，是小时候经常游泳的地方，打水仗、戏水也带给他无穷的乐趣。在湖南第一师范校上学时，学校门前就是湘江，更是游泳的好地方。每年5月到10月，毛主席和几个同学几乎每天都到湘江游泳，甚至横渡湘江。到了冬天，许多人不敢下水，但毛主席还坚持冬泳。1918年3月，游泳家、上海教育杂志主编李石岑到长沙，毛主席还专门约他到江水中教游泳技术。当时，毛主席还写过一首关于游泳的诗，可惜已经失传，仅留下"自信人生二百年，会当水击三千里"的豪言佳句。70岁的毛主席依然能够横渡长江。

2. 坚持参与每一次集体活动

大学教育倡导培养综合性、全面性人才，所以大学生活区别于中学生活最明显的特征在于大学生拥有更多的自由支配时间和形式多样的社团、竞赛和集体活动，坚持参与每一次集体活动是提升自我能力和融入团队的有利时机。通过集体活动，可以提升人际交往、组织协调等能力。事实证明，现代企业对团队配合要求越来越高，大学期间积极参与集体活动的学生，踏入社会后会更快、更容易融入企业。事实上，作为独生子女的一代大学生集体意识和团队配合意识相当薄弱，以致越来越多的大学生初进企业时，很难融入团队，不善于与团队协作配合，长期游离于企业文化和环境之外。所以，在相对自由、时间较宽松的大学时代，在专业学习允许的情况下，坚持参与每一次集体活动是非常必要的。

思考：从大一入学至今，你参加过多少次集体活动？通过这些集体活动，你收获了什么？

____

____

____

____

3. 坚持社会实践

大学生社会实践是学生素质教育的促进与提升，是学生接触社会、了解社会、服务社会、培养创新精神和实践能力的最重要途径。大学寒暑假是学生生涯的最长假期，充分利用每一次假期，尝试不同岗位、不同环境的实践工作，让大学生提前了解社会、感受职场，具有非常重要的意义。

思考：你是否参加过社会实践？通过社会实践，你的收获是什么？

____

____

____

____

二、作为职场新人，我们应该坚持的事情

案例分享

成功不是来自最后的一击

你知道石匠是怎么敲开一块大石头的吗？

石匠的工具只有一个小铁锤和一个小凿子，但石头却又大又硬。当他举起锤子重重地敲击石头时，没有敲下一块碎片，甚至连一丝凿痕都没有。可是石匠不以为意，继续举起锤子一而再再而三地敲击石头，一百下、两百下、三百下……，大石头依然没有出现任何裂痕。可是石匠没有懈怠，继续举起锤子重重地敲击石头，路人见此不免窃窃私语，甚至还嘲笑他傻。石匠对此并不理会，他换个地方继续敲，不知敲到第五百下还是第七百下，或者是第一千零几下，大石头最终裂成了碎片。这时经过的路人情不自禁地为他鼓掌。他回头平静地望了一眼，继续敲另一块石头。

思考：石匠为什么能成功？

____

____

____

____

（一）坚持时间“快一点”

什么是坚持时间“快一点”？就是指坚持每一项工作都比别人行动快一步，你的时间永远比其他人快 3 ~ 5 分钟。作为职场新人，应始终保持积极主动的精神状态面对工作。早上提前到达办公室，打扫卫生、给植物浇水，从容开始一天的工作，而不是满头大汗地卡点上班，慌慌张张地开始一天的工作；参加会议则提前到场，选择易于学习的座位，等待会议开幕。这些看似很小的职场工作细节，却是你能否获得领导赏识的重要因素，因为没有任何一位领导愿意培养或提拔一名工作被动、行动迟缓的员工。那么，我们怎样才能使自己的时间快一点？办法很多，例如，把时间调得比北京时间快 3 ~ 5 分钟，或者前一晚休息之前，认真做好第二天的全天计划，然后严格按照计划执行等。坚持比其他人的时间“快一点”之后，你会发现自己的工作效率越来越高，反应能力和处理问题的能力也随之提高。

（二）坚持礼貌问候

案例分享

有一次，包经理安排拥有 3 年工作经验的苏迪打电话给副总经理，希望副总经理能够协助处理一件事情。苏迪仔细询问了包经理有关事项，接着登门与副总经理沟通。她一回到办公室就向包经理汇报沟通情况：“张总说他那里没有问题，如果有特别需要的话会协助，一般情况包经理你直接处理就够了。”

又有一次，包经理安排一位刚参加工作的女大学生打电话给副总经理，希望副总经理能协助处理一件事情。这位女大学生拿起电话就打，一开口就是“是张总吗？”“包经理叫我告诉你，赶紧把××事情处理一下，他很急的。”包经理整个人都僵了，办公室其他人都笑了。

【分析】一件同样的事情，一位是有3年工作经验的苏迪，一位是刚毕业的女大学生。苏迪很好地处理了副总经理与包经理的职别关系，虽然包经理是自己的直接上司，但苏迪却登门与副总经理沟通，给予了副总经理足够的尊重，同时也摆正了自己作为下属的地位。最重要的是，苏迪通过这种礼貌的沟通方式，很好地协调了副总经理与包经理之间的关系，表明这并不是简单的例行工作处理；而女大学生打电话时的命令式语气已经很不礼貌，包经理在职别方面并不具备要求副总经理执行什么命令的权利，这种命令式语气虽然是转告，却显示了对副总经理的极其不礼貌。

职场礼仪对个人职业发展具有重大影响。有关职场礼仪的学习和认识，已在大一学年有所涉猎。这里提及的礼貌与问候，是大学生初入职场易犯禁忌之一。初入职场，面临全新的生活方式、陌生的社会环境、复杂的人际关系，很多不注重职场礼仪的大学生，都会感觉难以适应、四处碰壁。职场礼仪内容非常丰富，包括如何快速融入企业、如何给领导同事留下好印象等。首先，我们应从礼貌问候即打招呼入手。打招呼看似简单，却在人际关系建立之初，发挥着润滑剂的功效，是办公室礼仪的敲门砖。与上司、同事还不熟悉时，多打招呼有利于加深彼此印象。作为职场新人，打招呼对象可分为：与上级打招呼、与前辈同事打招呼及与同为职场新人的同事打招呼。一般来说，与上级打招呼可以“姓氏＋职务”，例如：张总，早上好！与前辈同事打招呼，可以“姓氏＋姐/哥/叔”，例如：李姐，早上好！特别注意，称呼××叔时，一定要注意招呼对象的年龄。与同为职场新人的同事打招呼，可以直呼“对方姓名＋问候语”。很多职场新人刚踏入社会、对同事还不熟悉的情况下，偶遇又不知如何称呼时，可以“微笑＋问候语”，例如：早起上班巧遇同事，可以“微笑＋早”或者“微笑＋早上好”等。

（三）坚持学习

工作是另一门学问，不仅要处理具体事务，还要处理复杂的人际关系。刚踏入社会的职场新人需要不断地学习各方面的知识，不断地充实自己。进入职场的学习包括专业知识的学习、人际关系的学习、管理能力的学习等内容。学习素材不仅源自书籍，还包括向上级及优秀同事的学习。坚持每天看书半小时，总结其精华；坚持每天发现身边同事的优点，记录下来；坚持将上司的优秀品质作为自己奋斗的方向，坚持自己每天成长一点，终会发生量变到质变的飞跃。从古至今，每一位成功人士都具备坚持学习的良好习惯。坚持学习是一项终身事业。

（四）坚持目标

大学生初入职场，在学生向职场人转变的过程中，面对突如其来的角色转换，陌生的环境、人际关系，同时还要考虑如何在职场中站稳脚跟、如何拓展发展空间等问题，此时的职场新人常常会经历一段非常混乱的迷茫时期，从而产生巨大的心理压力。因此，对于此时的职场新人来说，有一个明确的目标至关重要。在目标的设置上，首先要明确现阶段目标的设定是否与自己长远的职业目标一致；其次，考量目标设置是否过高、不切实际。

初入职场，在完全没有社会经验和工作经验的前提下，我们对高目标的设置，必须是对自身能力认真考量后作出的；最后，考量目标设置是否过低，避免完成后无法找到成就感，甚至对总目标的实现毫无价值。

如何坚持目标？对于职场新人来说，就是用“空杯”的心态、学习的态度、主动的精神和勇于挑战的魄力去踏实做好每一天的工作。学会适度放松，为自己每一次的小小进步感到自豪。

（五）坚持感恩心态

心怀感恩的人总有好运气，这种运气不是其他人带来的，而是自己创造的。初入职场，感恩心态更应无处不在。感恩其实更多地体现在细节上，例如：早起上班时，公司前台的微笑问候、将桌椅擦拭干净的同事、晨会上带来无限欢乐的主持人、指导我们工作的前辈等，都值得我们感恩他们的付出。感恩心态带给人们每天都有好心情，也会影响你总是以积极心态看待身边发生的一切。

思考：请大家列一清单，认真回顾今早起床到现在你需要感恩的事项。

____

____

____

____

任务三　学会坚持

一、坚定成功的信心

案例分享

古希腊著名哲学家苏格拉底在风烛残年之际，明知自己时日不多了，就想考验和点化一下自己那位看起来很不错的助手。于是，他把助手叫到床前，说：“我的蜡剩下不多了，得找另一根蜡接着点下去，你明白我的意思吗？”“明白，”助手赶紧回答：“您的思想光辉是要好好地传承下去……”“可是，”苏格拉底慢悠悠地说，“我需要一位最优秀的传承者，他不但要有相当的智慧，还要有充分的自信和非凡的勇气，你帮我寻找一位，好吗？”“我一定竭尽全力。”助手不遗余力地安慰他，苏格拉底笑了笑。于是，这位忠诚而勤奋的助手，不辞辛劳地通过各种渠道四处寻访符合苏格拉底要求的人选。可他领来的一位又一位备选人才，都被苏格拉底一一婉言谢绝了。直到有一次，当助手再次无功而返时，病入膏肓的苏格拉底艰难地坐起来：“真是辛苦你了，不过，你找来的那些人，其实都不如你。”“我一定加倍努力。”助手恳切地说，“找遍五湖四海，我也要把最优秀的人选带到你跟前。”苏格拉底笑笑，不再说话。

半年后，苏格拉底眼看就要告别人世，最优秀的人选还是没有眉目。助手非常惭愧：

“我真对不起您，让您失望了！”“失望的是我，对不起的却是你自己。”苏格拉底很失意地闭上眼睛，沉默了许久，才又不无哀怨地说：“本来，最优秀的人就是你自己，只是你不敢相信自己，故意把自己给忽略了。每个人都是最优秀的，差别在于如何认识自己、如何发掘和重用自己……”著名哲学家苏格拉底就这样永远地离开了他曾经深切关注的世界。

【分析】是否着手从事一项工作，取决于信心；遇到阻力是坚持还是放弃，也取决于信心。在每一位成功者的背后，都隐藏着一股巨大的力量——信心，支持和推动成功者不断地向自己的目标迈进。任何一位成功者，他的内心都有一个坚定不移的信念，这个信念支撑着他克服横亘在面前的障碍、困难，助他脱颖而出，持续成功！

怎样才能让自己信心十足？信心十足不等于自高自大、自我浮夸，切勿为自卑披上“不想出风头”的美丽外衣。培养自信心有以下 11 种方法。

（一）恒久的愿景目标和规划

无论你是否将自己对未来的规划以书面形式记录下来或者大声地告诉身边人，但在你的内心深处，一定要对自己未来的发展形成一个稳定、恒久的愿景目标和规划。一旦影响你的消极因素出现，就应当用理智的声音、积极的行动将其驱离。只有当困难确实存在时，才可能考虑对策、采取切实有效的措施将其减小到最低程度。

（二）正确对待失败，扬长避短

遭遇失败是每个人走向成功必然经历的过程，一时的挫折或失败都是非常正常的现象。我们应在认真总结经验教训的同时，保持平常心，不被“失败”击倒。每个人都有各自的优缺点，要全面、正确地评价自己，要善于发现和挖掘自己的优势，以弥补不足。

（三）宣传自我，广交朋友

良好的仪容仪表可以给自己带来愉悦的好心情。要大胆地向其他人展示自己，让其全方位地了解你。朋友是人生成长不可或缺的一部分，朋友的关心令人感到温暖，朋友的认可或称赞可使人信心大增。如果你有幸拥有一位信心十足的朋友，他（她）会不自觉地散发自信的光彩，带你快速地融入大部分的社会场合。

（四）挑前面的位子

案例分享

永远都要坐前排

20 世纪 30 年代，在英国的一个无名小镇里，住着一位名叫玛格丽特的小姑娘，自小受到严格的家庭教育。父亲经常教育她：无论做什么事情都要力争一流，永远做到别人前头，万万不可落后于人。“即使是坐公共汽车，你也要永远坐在前排。”父亲从来不许她说“我不能”或者“太难了”之类的话。

对年幼的孩子来说，父亲的要求可能太高了，但他的教育在后来的漫长岁月里被证明是非常宝贵的。因为从小受到父亲的严格教育，培养了玛格丽特积极向上的决心和信心。在以后的学习、生活或工作中，她都时时记起父亲的教导，总是抱着一往无前的精神和必胜的信念，尽自己最大的努力克服一切困难，做好每一件事，事事必争一流，以自己的行

动践行着“永远都要坐前排”精神。

玛格丽特上大学期间，学校要求学习5年的拉丁文课程。她凭借自己顽强的拼搏精神，在短短的3年时间内学完了5年的全部课程。令人难以置信的是，她的考试成绩居然名列前茅。

其实，玛格丽特不仅在学业上出类拔萃，她在体育、音乐、演讲及其他学校活动也一直表现亮眼，是学生中的佼佼者。当时的校长曾这样评价道：“她无疑是我们建校以来最优秀的学生，她总是雄心勃勃，每件事情都做得非常出色。”正因为如此，40多年后，英国乃至整个欧洲政坛上出现了一颗耀眼的明星，她就是连续4年当选英国保守党领袖，1979年成为英国第一位女首相，执掌英国政坛长达11年之久，被世界政坛誉为“铁娘子”的玛格丽特·撒切尔夫人。

【分析】“永远都要坐前排”是一种积极的人生态度，激发人们一往无前的勇气和争创一流的精神。在这个世界上，想坐前排的人不少，但真正能够坐在“前排”的人却不多。许多人之所以不能坐在“前排”，是因为他们把“坐在前排”仅仅当成了一种人生理想，而没有具体行动。那些最终坐在“前排”的人，之所以成功，是因为他们不但有理想，更重要的是他们把理想变成了现实。

不管什么样的聚会、培训甚至会议，后排座位总是先坐满，因为人们大都希望自己不要“太显眼”，而不想“太显眼”的原因就是缺乏自信心。

（五）练习正视别人

一个人的眼神可以透漏许多信息。不正视他人通常意味着：在你身边，我感到很自卑，我感觉不如你，我怕你，我有罪恶感，我做了或想到了不希望你知道的事，我怕一接触到你的眼神，你就会看穿我等，这些都是负面影响。而正视他人通常意味着：我很自信，我很诚实，我告诉你的话都是真的，我不心虚。专注的眼神，不仅能带来信心，还能赢得其他人的信任。

（六）将走路的速度提高25%

行为可以改变态度，许多心理学家将走路的姿势、速度与身体是否愉快等联系起来。那些遭受打击、被排斥的人，走路往往拖拖拉拉，感觉自信心严重不足。因此，建议大家走路时抬头挺胸、走快一点，你会感到“信心”在心底滋长。

（七）当众发言

有很多思路敏捷、智力超群的人，却无法发挥他们的长处参与讨论。并不是他们不想参与，而是因为他们缺管信心。在会议上沉默寡言的人大都认为：“我的意见可能没啥价值，如果说出来，其他人可能觉得很愚蠢，我最好什么也不说。而且，其他人可能比我懂得多，我并不想让他们知道我的无知。”这些人常常会对自己许下遥遥无期的诺言：“等下一次再发言。”但是，他们很清楚自己是无法实现这个诺言的。每次这些沉默寡言的人不发言时，他就又中了一次缺乏信心的毒，长此以往他会愈发丧失自信。从积极的角度看，一个人如果尽量多发言，就会增加他的信心，下次发言也变得更容易。所以，一个人要争取多发言，这是信心的“维他命”。不论参加何种性质的会议，都要争取主动发言，也许是评论、也许是建议或提问，概莫例外。而且，最好避免最后发言。要勇做破冰船，争取第一个发言。即使争取不到第一个发言机会，也要用心引起会议主席的注意，获得发言机会。

（八）咧嘴大笑

案例分享

拿破仑曾经讲述过自己的一段经历：有一天，拿破仑的车停在十字路口的红灯前，突然“砰”的一声，后面那辆车撞了拿破仑的车后保险杠。拿破仑从后视镜看到后车司机下来，也跟着下车，准备痛骂他一顿。但是，拿破仑还来不及发作，肇事司机就走过来对他笑，并以最诚挚的语调对他说：“朋友，我实在不是有意的。”肇事司机的笑容和真诚的话语彻底把拿破仑感化了。拿破仑只好低声说：“没关系，这种事经常发生。”转眼间，我的敌意变成了友善。

【分析】大部分人都认可笑能赋予自己前进的动力，它是治疗信心不足的良药。但是仍有不少人持怀疑态度，因为他们在恐惧时，从不试着笑一笑。真诚的笑容不但能治愈自己的不良情绪，还能化解他人的敌对情绪。如果你真诚地向他人展颜微笑，他实在无法再对你生气。

（九）怯场时，道出真情，即能平静下来

内省法由实验心理学鼻祖威廉·冯特提出，它是研究心理学的主要方法之一。此法要求很冷静地观察自己内心的情况，然后用语言客观地表述观察结果。如能充分运用此方法，把时时刻刻都在变化的心理秘密，毫无隐瞒地用言语表达出来，那就不会产生烦恼了。

（十）常用肯定语气消除自卑感

运用肯定或否定的措辞，可将同一事实描述成天壤之别的效果。在任何情况下，只要常用褒义、有价值的措辞或叙述法，完全可以驱除自卑感，享受令人愉快的生活。

（十一）自信培养自信

缺乏自信时，与其沉浸在消极、否定的氛围中一蹶不振，不如暗示自己自信满满。丹麦有句格言：“如果好运临门，傻瓜也懂得把它请进门”。如果抱着消极、否定的态度，即使好运来敲门，也不会请它进来。运气不仅来自于外部，也来自于内心，只要我们下定决心去做，就一定能做到。自信会培养自信，一次小小的成功会为我们带来满满的自信。

二、不畏逆境

成功之路绝不是一马平川的康庄大道，总会出现无数的挫折与障碍，甚至令人身陷绝境。有无数人曾经无数次被逆境击倒，进而一蹶不振。但是，也有很多人无数次从逆境中崛起，最终走向成功。

（一）面对挫折和失败，重整旗鼓，乱中求变

案例分享

有一位年轻人去微软公司应聘，但微软公司并未刊登过招聘广告。总经理一脸迷惑，年轻人操着一口不太熟练的英语解释，自己碰巧路过这里，就贸然进来了。总经理感觉这种应聘方式很新鲜，便破例让他一试。面试结果出人意料，年轻人表现不佳。他的解释是事先未作准备，总经理认为他是在找台阶下，就随口回应道：“等你准备好了再来试吧。”一周后，这个年轻人再次走进微软公司的大门，这次他依然没有成功。但比起上次，这次

表现要好得多，而总经理给他的回复仍然同上次一样："等你准备好了再来试。"就这样，这个年轻人先后 5 次踏进微软公司的大门，最终被录用，并成为公司的重点培养对象。

【分析】面对挫折和失败，要有毫不气馁、重整旗鼓、乱中求变的胸襟。变可能成功，也可能不成功，但成功往往出现在坚持的最后时刻。当你逐渐丧失信心，开始怀疑自己的方法是否正确时，光明也许来"敲门"了因此，一定要坚持到最后时刻，成功便会向你招手。面对挫折和失败，要有毫不气馁、重整旗鼓、乱中求变的胸襟。变可能成功，也可能不成功，但成功往往在坚持的最后时刻出现。当你逐渐丧失信心，开始怀疑自己的方法是否正确时，光明或许已经照亮了你的前程。因此，一定要坚持到最后时刻，成功便会向你招手。

（二）逆境中寻找机遇

危险总是孕育着机会，逆境中总有意想不到的机遇。遭遇逆境未必就是坏事，当你身处逆境，换位思考时，也许就能发现暗藏其中的机遇，坏事变成了改变命运的好事。机会不仅留给有准备的人，还留给那些在危机中能看到机遇、善于动脑的人。面对逆境，只要肯用心留意，便时时有机遇、处处有财富。上帝为你关上一扇门的同时，也会为你打开一扇窗。

案例分享

人们为什么不担心豆子卖不完?

豆子卖不完，可以磨成豆浆卖；豆浆卖不完，可以制成豆花卖；豆花卖不完，可以制成豆干卖；豆干卖不完，可以制成腐乳。还有一种选择：卖豆人把卖不完的豆子拿回家，浇水发豆芽，几天后可以改卖豆芽；若豆芽卖不完，就任其长成豆苗；若豆苗卖不完，就让它继续生长并移植到花盆里，当作盆景出售；若盆景依旧无人问津，则将其移植到泥土里，任其生长，几个月后就可以收获许多新豆子。一颗豆子变成百颗豆子，这是多么划算的事！

思考：通过《卖豆子》这一故事，你得到了什么启发?

____

____

____

____

（三）停止抱怨

案例分享

优秀的人不会抱怨

有一位作家出差时，无意中坐上了一辆非常有特色的出租车。司机穿着干净，车辆也非常干净。作家刚一坐稳，司机就递来一张精美卡片，上面写着："在友好的氛围中，将我的客人最快捷、最安全、最省钱地送达目的地。"看到这句话，作家顿时来了兴趣，便与司机攀谈起来。司机问："您要喝点什么吗？"作家很惊讶："车上还提供喝的吗？"司机微笑着说："对，我不但提供咖啡，还有各种饮料，甚至还有不同的报纸。"作家说：

“那我能要一杯热咖啡吗？”司机从容地从旁边的保温杯里倒了一杯热咖啡给他。然后又递给作家一张卡片，卡片上写着各种报纸的名称和各个电台的节目单，例如《时代周刊》《体育报》……作家没有看报纸，也没有听音乐，而是与司机聊了起来。其间，司机还善意地询问作家，车里的温度是否合适、是否改走离目的地更近的另一条路。作家感觉这种服务简直温馨极了。司机对作家说：“刚开始，我的车并没有提供如此全面的服务。我像其他人一样爱抱怨：糟糕的天气、微薄的收入、堵车严重得一塌糊涂的路况，每天都过得很糟糕。直到有一天，我偶然收听到一档广播节目，彻底改变了我的观念。广播电台请来励志大师韦恩·戴尔博士做节目，让博士先生介绍他的新书。书中重点阐述了一个观点：停止抱怨、停止在日常生活中的抱怨，会帮助任何人走向成功。这个观点让我突然醒悟，目前的糟糕状况其实都是我自己抱怨造成的。所以，我决定停止抱怨，开始改变。第一年，我只是微笑地对待所有乘客，我的收入翻了一倍。第二年，我发自内心地关心所有乘客的喜怒哀乐，并对他们进行宽慰，这让我的收入又翻了一番。第三年，也就是今年，我让我的出租车变成了全美少有的五星级出租车。除了收入，上涨的还有人气。毫不夸张地说，现在要坐我的车，需要提前打电话预约。而您，其实是我顺路搭载的一位乘客。”出租车司机的话，直接震惊了这位作家。作家不禁陷入了沉思，日常生活中的自己何尝不是这样？他决定将这个司机的故事写成书公开出版。后来，有读者受到启发试着去改变，结果生活真的发生了很大变化。这种改变使作家意识到，停止抱怨的力量是多么强大。俗话说“车到山前必有路”，只要有突破困境的欲望，改变抱怨的态度，积极地完成当下应该完成的工作，就一定能突破困境，向着追求的目标前进。

【分析】一件事、一个人，都能令人长时间的烦恼或者悲伤，抱怨也会随之而至，情况可能变得更糟糕。抱怨起源于不满，而不满多半源自对他人的苛求。人们抱怨他人的某些缺点，甚至难以忍受，无非是想改变他人，但这不现实。与其在抱怨中制造坏情绪，不妨试着改变自己，也许形势就会发生逆转。抱怨纵然能解一时怒气，但不能解决根本问题，更不能使自己成为最后赢家。所以，从长远来看，抱怨别人不如改变自己。身处社会特别是职场，就不得不与形形色色的人打交道，显然并非每个人都像我们期望的那样，甚至他们会为了某一目的不择手段。对此，我们无可奈何，抱怨更加无济于事，不如学会忍耐，改变自己，为赢得最终胜利创造机会。作为一位职场人，更应以平常心对待人和事。常常抱怨的人，终其一生也无法养成果敢、坚毅的性格，自然不会取得非凡的成就。与其毫无意义地抱怨和唠叨，不如换个思路找出路，以欣赏的眼光去发现生活中的真善美，并赞美它、支持它、拥护它、理解它，可能会有意想不到的效果，嘲弄和抱怨是懒惰、懦弱无能的最好诠释。

（四）坚持尝试

案例分享

努力尝试才能成功

戴维·托马斯是在世界各地拥有 4 300 家快餐店的温迪国际公司创始人、商务经理，他这样回忆自己的童年：12 岁时，我们全家迁到田纳西州的诺克斯维尔，我设法使一位

餐厅老板相信我已16岁并雇用我做便餐柜台的招待，每小时25美分。餐馆老板弗兰克和乔治·雷木斯兄弟是希腊移民，刚来美国时，他俩曾洗过盘子、卖过热狗。但兄弟俩极其坚强，并为自己定下了非常高的标准，但从不以这些高标准对待雇员。弗兰克告诉我："孩子，只要你愿意努力尝试，你就能为我工作；如果你不努力尝试，你就不能为我工作。"他所说的努力尝试包括从努力工作到礼待客人等一切内容。当时的小费通常是一个10美分的硬币，但我能很快把饭送给顾客并服务周到，所以经常能得到25美分的小费。我曾经尝试一晚上能接待多少客人，结果创下了服务10位客人的纪录。通过这份工作，我认识到，只要你努力工作并专心致志，你就会成功。

俗话说：第一个做的是天才，第二个做的是庸才，第三个做的叫人才。你寻找的金矿也许被别人开采过八九次，现在你再辛苦也挖不出什么好东西了。当别人还没发现而你却发现的机会才是黄金机会。面对工作，不停地尝试，也许第一次尝试会消磨你一往无前的勇气与一马当先的锐气，扼杀你坚定顽强的韧劲与不屈不挠的干劲，但是碰一次小小的"壁"，绝不轻言放弃，而应反复实践、不断尝试。很多时候，我们没有成功的真正原因在于，没有坚持"再试一次"。

三、坚定的目标

案例分享

一个心理学家的试验

一位心理学家曾做过一个实验：组织三个小组，让他们分别前往10千米以外的三个村子。第一小组既不知村庄的名字，也不知路程有多远，只告诉他们跟着向导走即可。刚走出2～3千米就有人叫苦；走到一半时有人几乎愤怒了，抱怨为什么要走这么远，何时才能走到目的地，甚至有人坐在路边不愿再走，越往后他们的情绪越低落。第二小组知道村庄的名字和路程，但路边没有里程碑，只能凭经验估计行程时间和距离。走到一半时大多数人都想知道已经走了多远，有经验比较丰富的人说："大概走了一半的路程。"于是，大家又簇拥着继续往前走。当走到全程的3/4时，大家都疲惫不堪，情绪相当低落，而路程似乎还很长。当有人说："快到了！快到了！"大家立马又振作起来，加快了行进的步伐。第三小组不仅知道村庄的名字、路程，而且公路边每1千米就有一块里程碑，组员们边走边看里程碑，每缩短1千米大家便感到一小会儿的快乐。路途中他们用歌声和笑声消除疲劳，情绪一直很高涨，所以昂，很快就到达了目的地。

【分析】心理学家得出以下结论：当人们的行动有了明确目标，就能将行动与目标不断地加以对照，进而明晰自己的行进速度与目标之间的距离，人们行动的动机就会得到维持和加强，就会自觉地克服一切困难，努力达到目标，走向成功。

目标的坚定是性格中最重要的力量源泉之一，也是成功的重要法宝之一。有了目标，生活才会处于有追求状态，人才会感到快乐。

要想获得成功，就必须树立一个清晰可见的目标，因为目标是人们奋勇向前的动力源泉。清晰的目标是任何事业成功的根本。如何确定人生目标？

①列出你的人生目标清单。思考你这一生真正想要的是什么？什么是你真正想要完成的事情？当你突然发现自己不再有足够的时间去完成什么事情时，会后悔不已？这些都是你的目标，请用一句话概括每一个目标，如果其中任何一个目标都只是达到另一个目标的关键步骤，请将其从清单中剔除，因为它不是你的人生目标。

②对每一个目标，设定一个合适的时间框架，确定你的一年规划、五年规划和十年规划，记下你要完成每一步骤所需的行动，在每一张目标表上记下你所要完成目标的年度规划。

③把每个人生目标单独列出来，在每个目标下注明你要完成这一目标需要的但目前你又没有的资源。

④列出你要完成每一步骤所需的行动。

⑤在每一张目标表上注明你要完成目标的年份。

⑥检查你的个人目标，然后拟定这周、这个月和今年的时间进度表，以便按照预定计划完成目标。

课堂作业

按从小到大的顺序，列举五件你认为通过你的坚持最终取得成功的事例。

____

____

____

____

模块十四
执行力

模块导读

执行力是效率的代名词，在职场上的执行力是衡量一个人、一个团队优秀与否的关键，执行力强就是高效率，效率高就可以获得更多的资源与支持。要做到高效，还必须保证执行到位、过程不变形。必须有计划、有步骤地分解每一动作，并且每一动作都应按照预设标准执行到位，不能变形。

学习目标

1. 掌握执行力的相关概述。
2. 掌握个人执行力。
3. 引导学生提升个人执行力。

任务一　执行力的概述

一、执行力的内涵

案例分享

联想的制度刚性

联想从默默无闻发展到当今中关村龙头企业，能取得如此非凡的成就并非偶然。综观联想的发展轨道，不难发现联想的成功主要取决于两大基本因素：一是联想领路人柳传志的战略意识，二是联想强大的组织能力。

联想超强的组织能力主要通过其制度的刚性来体现。这种刚性制度可以克服知识分子创业队伍的先天性弊端，使组织制度落到实处。联想文化的第一个阶段被称作制度文化，即斯巴达方阵文化。所谓斯巴达方阵文化有两个主要特点：强调集体力量和强调制度的刚性。这种文化建立伊始，从联想最高领导人柳传志到联想每一位基层员工，都在矢志不渝地遵守、贯彻这种文化。

以开会迟到为例。联想规定：开会不准迟到，如果迟到时间大于等于5分钟，与会者不得参加会议；如果小于5分钟，则迟到几分钟就在门外站几分钟，然后进门开会。有一天，柳传志迟到了三四分钟，按规定他得站在门口，直到站够了时间才能走进会议室。试想，连公司老总都能以身作则，其他员工怎能不遵守制度呢？

执行力是指有效利用资源、保质保量达成目标的能力，是指贯彻战略意图，完成预定目标的操作能力。执行力是把企业战略、规划转化为效益、成果的关键，包含完成任务的意愿、完成任务的能力、完成任务的程度三个方面。对个人而言，执行力就是办事能力；对团队而言，执行力就是战斗力；对企业而言，执行力就是经营能力。简单来说，执行力就是行动力，从分类来看可分为个人执行力和团队执行力。

没有执行力，就没有竞争力。

二、执行力的要素

执行力的要素如图 14.1 所示。

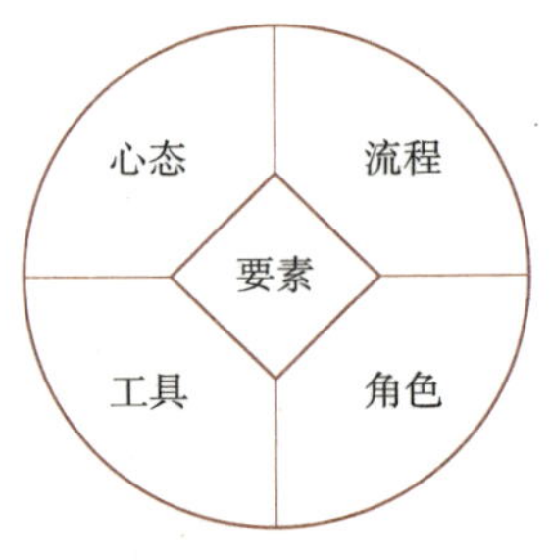

图 14.1　执行力的要素

（一）心态要素

心态是执行力的第一要素。在执行过程中，心态非常重要。如果一个人没有健康的心态，当他踏入社会参加工作后，即便用尽办法促其奋进，也可能收效甚微。执行力的心态要素包括三个层次：态度、激情和信念。三者层层递进，不断加强，如图 14.2 所示。

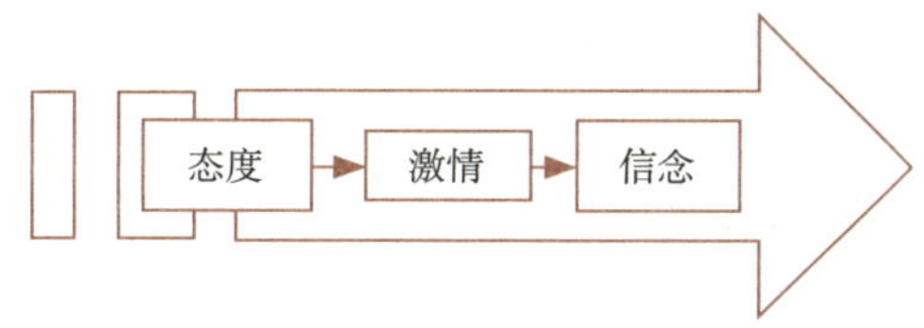

图 14.2　执行力心态要素

1. 态度

正所谓“态度决定一切”，企业同样如此。如果员工工作态度不端正，期望其努力工作简直就是一种奢望。许多企业疏于对员工进行职业化训练，所以，强调工作态度对企业来说非常重要。其实，态度就是一种职业化精神。例如，足球运动员，不论在场上还是场外，不论心中怀有怎样的想法，只要开始比赛，就应竭尽全力地拼搏，这就是职业态度。对企业员工来说，不管对企业怀有何种看法，只要在工作岗位上，就要全力以赴。任何职业都需要从业者去维护它的尊严，这是职业本身的需要，也是一种态度。

2. 激情

在某些情况下，态度是一种被动性行为。但是，当态度转化为激情后，它会变成一种主动性行为。所谓“激情”是指很想去做想做的一切的心态。激情比态度更能产生强大的执行力，原因在于它是一种发自内心的主动性行为。著名思想家爱默生说过：“世界上没有任何一项伟大的事业，不是因为热情而成功的。”为什么成功人士看起来总是激情满满？因为热情能让个体产生大量的主动性行为。所以，在企业经营过程中，尤其是在企业执行过程中，一定要注意培养员工激情，这是管理者急需补足的短板。若想有效调动员工情绪，一定要对其追根溯源，揭示本质，方能对症下药，取得明显成效。

3. 信念

如果说激情是有时效性的，那么信念无疑要相对恒久得多。当激情转化为信念时，先前的主动情绪就变成了前进的动力。中国共产党正是秉持“一不怕苦，二不怕死”的信念才打败了国民党。国家需要信念，企业需要信念，个人更需要信念。一个基业长青的企业一定具有良性的、大家认可的信念，没有信念的企业一定不会长久，这是一个企业成功的最基本规律。企业有信念，它的执行行为才能真正落到实处，没有信念的执行行为多半会半途而废。

（二）工具要素

适宜的工具是执行的关键，所以，工具是执行力的第二要素。企业渴望成功，除了具备发展信念，还需具有合适的工具。子曰“工欲善其事，必先利其器。”没有合适的工具，空有一腔热血也难以成就一番事业。一名优秀的执行者必须具备能随时随地找到合适工具的素质。当今社会变化莫测，对企业来说，客户在变，合作商在变，环境在变。对个人来说，工作环境在变，人才需求在变。在这个瞬息万变的世界里，企业要随着变化更换工具，才能不断地获得生机。

（三）角色要素

一般来说，在分析某个企业为什么缺乏执行力时，通常会提及企业对员工的“岗位职责把握得不好”。但是，一核对这个企业的月度、年度考核表，却发现每个部门几乎所有岗位职责都能完成，如果落实到个人，几乎每个人都能得到七八十分，而部门得分却往往只有三四十分。这种情况表明，企业过于重视对岗位职责的评估，却忽视了个人角色的作用。假定你的岗位角色是一名终端执行者，那么，你得扮演多种角色，既有为公司创造价值的义务，又有承担公司终端营销的义务，既要设法吸引客户，又要反映客户诉求。当你将自己扮演的角色完美演绎到这一程度时，你的工作一定非常出色。企业应帮助员工做好角色认知，正确的角色认知会激发员工无限的工作热情，从而为企业带来强大的执行力；对个人来说，也应对自己进行清晰的角色分析和认知，从而提升自己的原动力，产生强大的执行力。

根据管理者层次的不同，可将执行者分为如图 14.3 所示的三个层次：最高执行者、中层执行者和基层执行者。这三个层次的执行者分工不同，各司其职。

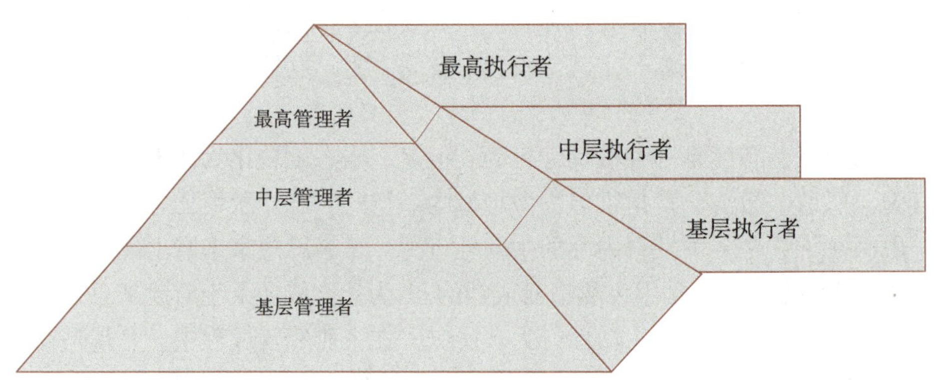

图 14.3　执行者的层次

1. 最高执行者

从决策角度来看，最高管理者必须做好分析和决断工作，然后制订制度和措施。从执行角度来看，最高管理者还需关注细节，这里的关注并不是指负责具体工作，而是必须了解业务细节，否则容易被人蒙骗。在关注细节的同时，最高管理者还应做好监督和绩效考核。最高执行者应具备四个素质：

（1）执行的勇气

具有克服一切困难的勇气和坚强的意志。

（2）执行的创造力

自行判断前进的方向；灵活机动，善于实现理论与实践的巧妙结合。

（3）善于创建核心团队

学会将管理者的个人能力转变成组织执行能力的中间枢纽。

（4）下属执行能力的培养和启发

建立起与下属沟通交流的平台，通过晋升目标明确地培养和启发下属的执行能力。

2. 中层执行者

中层管理者是公司的中坚力量，而不仅是部门领导。中层管理者的最大特性在于他们是执行过程中的“腰”。只有“腰”足够“硬”，企业才能稳步向前。中层管理者首先要体现最高执行者的意图，要把最高执行者的意图落实到具体工作中。在担任“球员”的同时还要担任“教练”，即管理好自己负责层面的员工，将他们训练成优秀的球员。所以，中层是充电器，而不是耗电器。中层管理者必须形成一个核心团队，这个团队是企业非常重要的执行团队。中层核心团队具有三个要素：

（1）专业互补

在企业内部形成知识互补的人才闭环，领导、财务、营销、生产等人员缺一不可。

（2）相对稳定

人员基本稳定，不做大的更换。

（3）职业化

团队既有情感又有制度，还要有合理的机制，切忌哥们义气。

3. 基层执行者

基层执行者就是一线员工，他们的执行力直接关系到企业成败。不管中高层的执行力多么强大，具体工作还得基层执行者落实，如果基层执行力出现问题，结果可想而知。合格的基层执行者必须具备四个方面的能力：

（1）职业化和专业能力

必须接受过职业化的训练，具有专业能力。

（2）忠诚度与创造能力

要忠于职业、公司和工作，同时具有创造能力。

（3）标准化与创造能力

必须拥有标准化的工作基础，同时具有创造能力。

（4）专注化与细节能力

必须具有专注精神，同时注重细节。

（四）流程要素

一个企业真正的核心内容是流程，所谓流程是指如何为客户提供优质服务的程序，即先做什么，后做什么。从执行效益来看，一个企业不是结构决定流程，而是流程决定结构。具体而言，就是企业如何为客户提供服务决定了该企业应该设立哪些部门。例如，装饰公司，根据客户服务流程，从邀约客户到店、到介绍设计方案、再到工程施工整个完整服务，决定了公司应设立营销部、设计部、工程部三大主要部门。可见，企业为客户提供服务的流程决定了该企业应该拥有何种架构。

案例分享

迪士尼排队流程

迪士尼是世界上非常有名的一家综合娱乐公司，该公司近几年发展迅猛，产品众多，最具代表性的产品莫过于主题公园，每年都有大量游客前往游玩。但是，到了主题公园，最令人厌烦的事情莫过于排队等待入园。人们最想玩的项目往往排队最长，然而，排队会影响人的心情，如果等待时间过长，许多人就会选择放弃。为了解决这一问题，为游客带来更好的服务体验，迪士尼对服务流程进行了一系列调整，甚至对岗位设计倾注了更加人性化的理念。起初，迪士尼设计了小丑岗位。当人们排着长队正心情烦躁时，队伍旁边就会出现一个小丑，他为游客不时提供各种滑稽表演。小丑的出现，在一定程度上改善了游人焦急等待的心情，尤其可以吸引小朋友的注意力。但是，一直看小丑表演也会心生厌烦，于是，迪士尼设计了第二个岗位即“杂事处理岗”：充分利用游客排队等待的这段时间，主动为游客办理各种需要事项，例如预订酒店、安排后续旅行路线、预订机票等。这些问题的有效解决，在很大程度上缓解了游客的焦躁情绪。

经观察，迪士尼又发现，排队等待的人群中最烦躁的就是排在队伍最后的那名游客。为了解决这一问题，迪士尼决定每隔5分钟广播一次最后一名游客到达售票处需要的时间。因为人最害怕没有确定感，一旦有了确定性，最后一名游客的心情就会平和许多。

任务二　个人执行力

一、个人执行力的内涵

案例分享

小李是一名刚毕业的大学生，自信开朗，性格外向，毕业不久即被一家外企成功录用了。于是，小李每天拿着公文包，穿着西装，自信满满地上班。但好景不长，没到两个月，却被辞退了。小李垂头丧气地来到职业指导窗口，嘟囔着说：“现在这社会情商最重要了，可老板竟然嫌我太活络。”经了解，进入公司后，尽管小李在短短两个月内就建立了很不错的人际关系，但是老板交办的好几次任务他都没有顺利完成，最后落得“眼高手低，执行力太差”的糟糕评语。

【分析】个人执行力是指每个人将上级的命令和想法变成行动，将行动变成结果，从而保质保量地完成任务的能力。个人执行力取决于本人是否具有良好的工作方式与工作习惯，是否熟练掌握管人与管事的相关管理工具，是否具有正确的工作思路与工作方法，是否具有执行力的管理风格与性格特质等。

二、个人执行力强的特征

案例分享

在美国，有一位曾在战场上负过伤的残疾退伍军人，由于年龄比较大，找工作变得非常不容易，很多单位都拒绝录用他。但是，每一次他都迈着坚定的步伐，继续寻找可能的工作机会。有一次，他来到美国最大的一家木材公司求职，但被招聘人员挡在了门外，对方说什么都不聘用他。他毫不气馁，通过努力，终于找到了这个公司的副总，他非常坚定

地对这位副总说："副总裁，我作为一名退伍军人，郑重地向您承诺，我会完成您交给我的任何任务，请您给我一次机会。"副总真的聘用了他，派他去美国中部收拾一个烂摊子。在此之前，公司派了很多优秀经理人去打理，都没能扭转颓势。退伍军人说："我保证完成任务！"第二天，他就直奔那个市场，几个月后，他从美国中部挽回了公司形象，维护了客户关系，并且厘清了几乎所有的欠款。

在一个周末的下午，总裁将这位退伍军人叫到自己的办公室。他说："我这个周末要出去办一点事情，但我的妹妹在犹他州结婚，我要去参加她的婚礼。麻烦你帮我买一件礼物，这个礼物在一个礼品店，店铺有一面非常漂亮的橱窗，橱窗里摆着一只蓝色的花瓶。"总裁描述一番后，就把写有地址的卡片交给他。退伍军人接过卡片，郑重地向老板承诺："总裁，我保证完成任务！"这位退伍军人还看到卡片背面写有老板乘坐的火车车厢和座位。于是他立即行动，走了很长时间才找到卡片上的地址，当找到地址时，他的大脑一片空白。因为这里根本没有老板描述的那家商店，也没有漂亮的橱窗，更没有那只蓝色花瓶。如果是你，你会怎么办？也许你会向老板说："对不起，总裁，你给我的那个地址是错的。所以我没有办法拿到那只蓝色的花瓶。"但是，这位退伍军人没有这样想，因为他向老板承诺过：保证完成任务。所以，他第一时间想给老板打电话确认，但是老板的电话已经打不通了。时间一分一秒地过去，他结合地图采取扫街的方法，在距离这个地址五条街的地方，终于看到了老板描述的那家店铺，远远望去，确实有一面漂亮的橱窗，甚至还看到了那只蓝色花瓶。他欣喜若狂，飞奔而去，但是店门已关，原来这家商店已经提前关门了。

如果是你，你会怎么办？你会说："对不起，总裁，因为你给我的地址是错的，等我好不容易找到，人家已关门了。"但是，这位退伍军人并没有这样做，因为他向老板承诺过：保证完成任务！于是，他再一次结合地图和地址，找到了这家店铺经理的电话。当他打电话说要买那只蓝色花瓶时，店铺经理说："我在度假，不营业。"说完就把电话撂下了。

如果是你，你会说"对不起，总裁，人家不营业，我买不到。"但是，这位退伍军人并没有这样做，因为他向老板承诺过：保证完成任务！他想，即使我付出惨重的代价，也要拿到那只蓝色花瓶。他想砸破橱窗拿到那只蓝色花瓶，于是他转身去找工具。等他找到工具回到店铺前，正好从远处走来一位全副武装的警察，警察来到橱窗前站住，一动不动。这个退伍军人耐心地等待，等了很久，警察丝毫没有要走的意思。此时，这位退伍军人意识到什么，他再一次拨通了店铺经理的电话，他说"我以自己的性命和一位军人的名誉担保，我一定要拿到那只蓝色花瓶，因为我承诺过。这关系到一个军人的荣誉和性命，请您帮帮我。"店铺经理不再挂他的电话，静静地听他讲。他讲述在战场上如何负伤的故事，因为在战场上承诺战友，一定要挽救战友的生命，一定要把战友背出战场，为此他身负重伤，留下残疾。经理被他感动了，终于愿意派人来打开商店大门，把这个蓝色花瓶卖给他。退伍军人终于拿到了蓝色花瓶，他非常开心。但一看时间，老板的火车已经开了。

如果是你，你会怎么办？也许你会向老板解释：你给我的地址是错的，我好不容易找到，但人家已经关门了。我遭遇挫折、经历磨难，终于拿到了这只蓝色花瓶，但你的火车又开了。然而，退伍军人并没有这样做，因为他向老板承诺过：保证完成任务！于是，他给曾经的战友打电话，希望租用一架私人飞机，几经周折，他终于租到了一架私人飞机，然后亲自驾飞机追赶老板乘坐火车的下一站，当他气喘吁吁跑进站台时，老板乘坐的火车正缓缓进站。他按照老板告诉的车厢号，顺利地找到了老板，他小心翼翼地把蓝色花瓶放在桌子上，然后恭恭敬敬地对老板说："总裁，这是您要的蓝色花瓶，给您妹妹带好，祝您旅途愉快。"然后，他转身就下车了。

新的一周开始了，上班第一天，老板将这位退伍军人又叫到自己的办公室，并对他说："谢谢你帮我买的礼物，我妹妹非常喜欢。你完成了任务，我向你表示感谢。公司这几年，一直在物色能到远东地区担任总裁的人选，远东地区是公司最重要的一个部门，之前我们已经考察了很多人，始终未能如愿。后来，顾问建议以花瓶选拔经理人办法。在选择经理人过程中，大多数人都未能完成任务，因为我们提供的地址是假的，还让店铺经理提前关门，甚至让他只能接两次电话。在过去的测试中只有一个人完成了任务，但是他把橱窗玻璃砸碎了才拿到蓝色花瓶，我们觉得跟公司的道德规范不符，就没有录用他。"在后来的测试中，我们特意雇了一位全副武装的警察守在那里。但是，所有这些都未能阻碍你完成任务的决心。你出色地完成了这项任务，现在我谨代表董事会正式任命你为本公司远东地区总裁……

读完这个故事，谈谈你的感想。

个人执行力强的九个特征，如图 14.4 所示。其中，最重要的三个特征是自动自发、注重细节以及为人诚信，敢于负责。

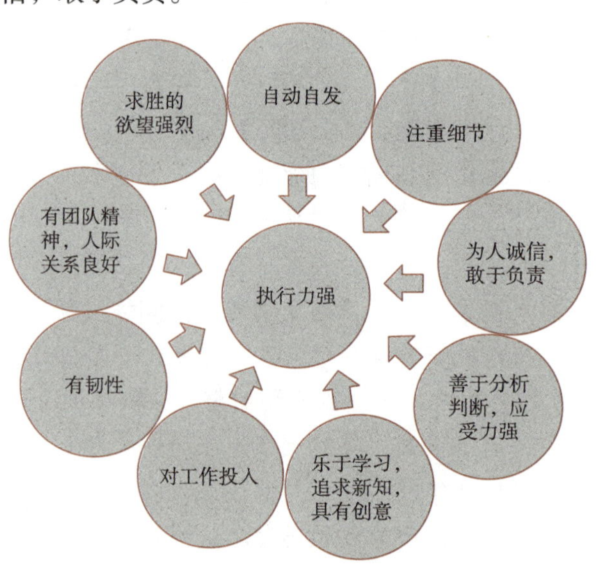

图 14.4 个人执行力强的特征

（一）自动自发

自动自发不是一个口号、一个动作，而是要充分发挥主观能动性与责任心，在接受工作后应尽一切努力、想尽一切办法将工作做好。自动自发是一种可以帮助个人扫平一切挫折、积极健康的人生态度。领导不在场却更加努力工作的人，将会获得更多奖赏。只有在其他人关注时才有良好表现的人，注定无法达到成功的顶峰。最严格的表现标准应当是自己设定的，而不是其他人要求的。如果你对自己的期望比领导的期许更高，则无须担心失去工作。同样，如果你能达到自己设定的最高标准，主动做事并主动承担责任，那么升迁、

晋级将指日可待。主动做事。成就伟业之人与凡事得过且过之人的最根本区别在于，成功者懂得为自己的行为负责。没有人能逼迫你成功，也没有人能阻挠你达成自己的目标。

（二）注重细节

案例分享

某公司招聘一名业务主管，经过几轮残酷的淘汰测试后，应聘人数由最初的几十人变成了3人。3位应聘者在前几轮的测试中表现都十分出色，无论学识、阅历、口才、形象都相差无几、不分伯仲。

最后，由公司经理亲自出面把关最后人选，他的测试方法非常简单：在桌子上放几张白纸和一支注满墨水的钢笔，让3位应聘者在纸上写下各自的简历。

应聘者甲坐到桌前，拧开钢笔正要写字，恰好钢笔漏下一滴墨水，不偏不倚地滴在白纸上。甲慌忙把滴了墨水的纸揉成一团，重新又取了一张纸准备写简历，无奈钢笔还是漏墨水，短短一份简历，他居然用了4张纸。应聘者乙发现钢笔漏水后，从容地从西服口袋里拿出自己的笔，顺利地写完了简历。应聘者丙发现钢笔漏墨后，并没有急着写简历，而是不慌不忙地拧开钢笔，小心地捏了捏钢笔的墨囊，排出墨囊里过多的墨水。钢笔不再漏墨，他自然写得格外从容。最后，经理宣布，公司决定留下应聘者丙担任业务主管。当另外两名应聘者询问落选原因时，经理回答道：论学历、资历，你们完全分不出高下，但是应聘者丙愿意寻找问题的根源，并且想办法解决问题，从这一点来看，他要比你们高明。

【分析】在人生的竞技场上，注重细节有时会助你得到命运之神的垂青。切记：注重细节也是一种能力。

我们每个人都应把做好工作当作义不容辞的责任，而非负担，从而认真对待、注重细节，来不得半点的马虎及虚假；工作的意义在于以较高的、大家认同和满意的标准来要求自己，把事情做得尽善尽美，而不是做到五成、六成的低工作标准，甚至完全变形而面目全非。不注重细节的人，对工作缺乏一丝不苟的态度，做事往往敷衍了事，他们无法把工作当作一种乐趣，而是当作一种不得不承受的苦役，因而在工作中缺乏热情。他们只愿做分配的工作，甚至还不能做好。而注重细节的人，不仅认真对待工作，而且注重在做事的过程中寻找机会，从而走上成功之路。

（三）为人诚信，敢于负责

诚信，是立身处世的准则，是人格魅力的体现，是衡量个人品行优劣的道德标准之一，子曰“言必信，行必果”，即“人无信不立”。只有讲诚信，一个人才会为了实现自己的承诺而埋头苦干；一个真正注重诚信的人或组织，在履约不能时，必然会主动地对自己的失信行为负责，及时采取必要措施弥补自己的失信行为造成受害主体的损失。

案例分享

一次，约翰和戴维负责把一件很贵重的古董送到码头，上司反复叮嘱他俩路上要小心，没想到送货车开到半路就坏了。如果不按规定时间送到，他们要被扣掉一部分奖金。于是，约翰就着自己的力气大，背起邮件，一路小跑，终于在规定时间内赶到了码头。这时，戴维说："我来背吧，你去叫货主。"其实戴维心里暗想，如果客户看到我背着邮件，把这件事告诉老板，说不定会给我加薪呢。他只顾幻想，不料约翰把邮件递给他时，一下没接住，邮包掉在地上，"哗啦"一声，古董摔碎了。"你怎么搞的，我没接你就放手。"戴维大喊。"你明明伸出手了，我递给你，是你没接住。"约翰辩解道。

他俩都知道古董打碎了意味着什么，没了工作不说，可能还要背负沉重的债务。果然，老板对他俩进行了十分严厉的批评。"老板，不是我的错，是约翰不小心弄坏了。"戴维趁着约翰不注意，偷偷来到老板办公室辩解道。老板平静地说："谢谢你，戴维，我知道了。"老板又将约翰叫到了办公室，约翰把事情原委详细地告诉了老板。最后说："这件事是我们的失职，我愿意承担责任。另外，戴维的家境不太好，他的责任我愿意承担。我一定会弥补我们所造成的损失。"于是，约翰和戴维一直等待处理结果。一天，老板将他俩叫到了办公室，并对他们说："公司一直对你俩很器重，想从你们当中选择一个人担任客户部经理，没想到出了这件事，不过也好，这让我们更清楚哪一个人是合适人选。我们决定请约翰担任公司的客户部经理。因为，一个能勇于承担责任的人是值得信任的。戴维，从明天开始你就不用来上班了。""老板，为什么？"戴维问。"其实，古董主人已经看见了你俩交接古董时的动作，他跟我讲述了他看见的事实。还有，我看见了问题出现后你们两个人的反应。"老板平静地说道。任何一个老板都清楚，一个勇于承担责任的员工，对企业具有多么重要的意义。问题出现后，推诿责任或者找借口，都不能掩饰一个人责任感的匮乏。因此，工作中承担责任，把它当作一种习惯去培养并固定下来，一旦出现问题，要敢于担当，并设法改善。推卸责任并置之度外，只会伤害公司和客户的利益，最终也会反噬自己。绝大多数老板都不会选择习惯于推卸责任的员工做得力助手。在老板眼里，习惯于推卸责任的员工，不是一个可靠的人。对自己的行为负责，对公司和老板负责，对客户负责，才是老板最喜欢的员工。也只有这样的员工，才会在公司中得到长足的发展。

（四）善于分析判断，应变力强

机会永远垂青于有准备的人，快速应变能力往往并不表现为一时的灵感，更多地表现为等待已久的时机、时间的出现。对于客观环境和市场形势可能出现的变化，我们必须提前作出预测，并预备应对各种可能变化的预案（不管成文还是不成文的）。很多人都会着手这方面的准备工作，为事业发展预先设计多种"可能"，但由于个人和所处环境的局限性，"不可能"因素往往被忽略，但当"所有的可能"都变为"不可能"时，原来认为的"不可能"则变成唯一的"可能"，这就是"智者千虑，必有一失；愚者千虑，必有一得。"善于分析、快速应变能力是在竞争日益激烈、变化日益迅速的今天得以有效执行的必要条件。

（五）乐于学习，追求新知，具有创意

学习能力、思维能力、创新能力是构成现代人体系的三大能力，其中，善于学习又是最基本、最重要的能力。缺乏善于学习的能力，其他能力就不可能存在，自然很难去具体执行。

（六）对工作投入

全身心地投入工作不仅是管理者获得成功的秘诀，也是每个人获得成功的秘诀。缺乏工作热忱，就无法全身心地投入工作，更无法坚持到底，对成功自然不会有执念；如果对工作满怀热忱，在执行中就不会斤斤计较，也不会吝啬付出和奉献，当然更不缺乏创造力。

（七）有韧性

韧性的表现包括：①具备挫折忍耐力、压力忍受力、自我控制和意志力等；②能够在艰苦、不利的情况下，克服外部和自身的困难，最终完成任务；③在较大压力下坚持预定的目标和自己的观点。总之，韧性首先表现为一种坚强的意志，一种对目标的坚持。“不以物喜，不以己悲”，只要是认准的事，无论遇到多大的困难，都要千方百计想办法完成。

（八）有团队精神，人际关系良好

具有团队精神不仅是对员工的要求，更是对管理者的要求，团队合作对管理者的最终成功起着举足轻重的作用。对于管理者而言，真正意义上的成功必然是团队的成功。脱离团队，即使取得了个人的成功，往往也是变味的、苦涩的，长此以往对公司是不利的。因此，管理者的执行力绝不是个人的勇猛直前、孤军深入，而是带领下属员工共同进步。

（九）求胜的欲望强烈

欲望，是一切行动的源泉，也是支持人生前行的动力！没有欲望，任何事情都不可能坚持和成功，其人生也将变得平平无奇。当然，人的欲望形形色色，其中不乏偏激、劣质的欲望。此类欲望对人生有害无益，应当压抑和克制。克制此类欲望的最好办法，就是以积极、优质的欲望投入对事业的追求中。这种欲望越强，情绪就越高涨，意志就越坚定，从而促使人的能力发挥到极致，甚至为追求事业的成功贡献一切。

三、执行力的原则

（一）执行开始前：决心第一，成败第二

执行的关键是建立必胜的信心和决心，有了必胜的信心和决心，成功的概率至少百分之九十。今天不是决定你明天做什么，而是决定你明天将成为什么。

（二）执行过程中：速度第一，完美第二

“速度第一，完美第二”，是因为完成任务比完美效果更重要，不能为了一味地追求完美效果，从而导致迟迟不能完成任务或严重降低完成任务的速度。“更高、更快、更强”不仅是奥林匹克运动所倡导的奋斗精神，也是企业正常运行的不二法则，因为企业永远喜欢有速度、有激情的员工。

（三）执行结束后：结果第一，理由第二

人们是靠结果生存，而不是靠理由生存，没有结果，人们便不能生存，这是硬道理。所以，在执行过程中，多想办法，少找借口。

课堂测试

你的执行力有多强？

1. 上司交给你一项工作任务，能否在规定的时间内完成？（　　）

A. 几乎无法完成

B. 大多数会如期完成

C. 一定会如期完成

2. 你曾经以“这不是我职责范围内的事”等理由来拒绝工作任务吗？（　　）

A. 三次以上

B. 仅有一两次

C. 从来没有

3. 当你抓紧时间安排手头的工作或任务时，突然有同事请你帮忙，而你的时间也很紧迫，你会怎么做呢？（　　）

A. 放下手头的工作或任务，先帮同事的忙

B. 找个借口推辞掉

C. 直接说明拒绝的原因，然后继续完成自己的工作

4. 当你接受一项工作或任务时，你习惯怎么做？（　　）

A. 先放一边，等会再做

B. 立即着手去做

C. 首先核实预期目标和交付时间，再着手去做

5. 当你在超市购物正准备结账时，上司刚好打电话要求你立即赶回公司，你会怎么做？（　　）

A. 优哉游哉结完账再回公司

B. 结完账匆匆赶回公司

C. 放下物品立即赶回公司

6. 一天上午，经理要求你打印一份下午开会要用的文件，你会怎么做？（　　）

A. 中午才打印

B. 立即打印，并呈送上司

C. 大致浏览一遍文件，确认无误后立即打印

7. 某天，你和上司一起出席会议，即将轮到上司发言时，你却发现演讲稿似乎少了一句，你会怎么做？（　　）

A. 觉得无所谓

B. 提醒上司，并请他自行拿主意

C. 提笔标注，并提醒上司知晓

8. 当上司询问任务执行进度时，通常你会怎么回答？（　　）

A. 应该能完成，你放心

B. 已经顺利完成了 2/3

C. 目前已经完成了 2/3，明天下午 6 点前全部完成

9. 身为团队负责人，当团队成员发生意见分歧时，你会怎么做？（　　）

A. 不闻不问

B. 责怪团员

C. 找出原因，进行协调

10. 有一次，部门参加公司组织的体能训练，个人发挥都很出色，但团体训练时却成绩平平，这种情况说明了什么？（　　）

A. 评估方法不适当

B. 每个团队的成员都很优秀

C. 团队合作不协调

积分规则：

选 A 得 1 分，选 B 得 2 分，选 C 得 3 分。

测试结果分析

10 ~ 17 分：执行力较弱。表明你的执行力较弱，工作质量也较差，如果你想获得成功，可能需要付出更大的努力。当你执行任务时，切勿让你的懒惰和理所当然冲昏了头脑。

18 ~ 24 分：执行力普通。表明你具有一定的执行能力，但工作热情不够，当然这并不是阻碍你获得成功的绊脚石。只要你行事谨慎，多点细心、耐心，增强责任心，从一开始就秉持执行到底的心态，就会大幅增加成功的机会。

25 ~ 30 分：执行力强。只要用心，从小处着手，从细节出发，注意创新与细节的执行，坚持不懈地努力，就能顺利地执行到底。同样地，只要你善于利用时机，并充分发挥自己的执行力，你的事业很快就会走上人生巅峰。

任务三　如何提升个人执行力

提升个人执行力不是一朝一夕之功，必须按“严、实、快、新”四字要求去做，方能取得成功，如图 14.5 所示。

一、要着眼于“严”，积极进取，增强责任意识

如果一个人没有责任感，那么他做任何事都不会积极主动，更不会尽心尽力地对待自己的工作。人们在工作中应养成严谨的工作态度和敢于负责的精神。责任心和进取心是做好一切工作的首要条件。责任心的强弱，决定执行力度的大小；进取心的强弱，决定执行效果的好坏。因此，要提高执行力，就必须树立强烈的责任意识和进取精神，坚决克服不思进取、得过且过的心态。把工作标准调整到最高，把精神状态调整到最佳，把自我要求调整到最严，认认真真、尽心尽力、不折不扣地履行自己的职责。决不消极应付、敷衍塞责、推卸责任。养成认真负责、追求卓越的良好习惯。

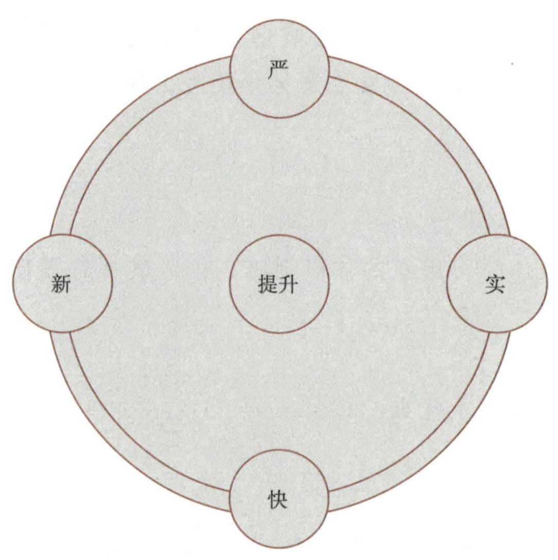

图 14.5　提升个人执行力的要求

二、要着眼于“实”，脚踏实地，树立实干作风

踏实勤奋是成功的必要条件，切勿幻想平步青云。天下大事必作于细，古今事业必成于实。虽然绝大多数人的工作岗位都很平凡，分工也各有不同，但只要埋头苦干、兢兢业业，就能干出一番不平凡的事业。好高骛远、作风漂浮，终将一事无成。因此，要提高执行力，就必须发扬严谨务实、勤勉刻苦的精神，坚决克服夸夸其谈、纸上谈兵的毛病。无论是在企业管理还是在个人生活中都应如此，真正静下心来，从小事做起，从点滴做起。一件一件抓落实，一项一项抓成效，干一件成一件，积小胜为大胜，最终养成脚踏实地、埋头苦干的良好习惯。

三、要着眼于“快”，只争朝夕，提高办事效率

提高执行力，就必须强化时间观念和效率意识，弘扬“立即行动、马上就办”的工作作风。坚决克服工作懒散、办事拖拉的恶习。每项工作都要立足得“早”，落实得“快”，抓紧时机，加快节奏，提高效率。开展任何工作都要有效地进行时间管理，时刻把握工作进度，争分夺秒赶进度，养成雷厉风行、干净利落的良好习惯。

四、要着眼于“新”，开拓创新，改进工作方法

创新是发展的灵魂。只有改革，才有活力；只有创新，才有发展。面对竞争日益激烈、变化日趋迅猛的今天，创新和应变能力已成为推进发展的核心要素。因此，要提高执行力，就必须具备较强的改革精神和创新能力，坚决克服无所用心、生搬硬套的问题，充分发挥主观能动性，创造性地开展工作、执行指令。在日常工作中，我们要敢于突破思维定式和传统经验的束缚，不断寻求新的思路和方法，使执行的力度更大、速度更快、效果更好。养成勤于学习、善于思考的良好习惯。

课堂作业

通过对本章的学习，请结合自己的日常学习和生活，分析自己的执行力强弱，思考今后的学习和生活将从哪些方面进行改进？

____

____

____

____

模块十五

习惯的力量

模块导读

习惯也是选才依据，良好的工作习惯给人留下好印象，能在很大程度上帮助你在职场取得成功。换句话说，成功更多的来自细微行为的日积月累。

学习目标

1. 掌握习惯养成的方法。
2. 理解好习惯与坏习惯的影响。
3. 掌握并熟练运用 21 天养成法。

任务一　习惯的概述

案例分享

一家著名企业公开招聘管理人才，应聘者中有高学历者，也有口才非常出众的公关人员，更有曾经从事过管理工作者。最后，负责招聘的企业老总却选中了一位随手捡起一张废纸的应聘者。于是，有人问："××总，为什么你要选那位不占任何优势的应聘者呢？"××总从容地回答："一个有好习惯的员工，就是一座金矿；有这种人格魅力的人，一定可以为公司创造更多的财富。"

一、习惯的定义

> 习惯能成就一个人，也能够摧毁一个人。
>
> ——拿破仑·希尔

习惯是长时期养成的不易改变的动作、生活方式、社会风尚等。简言之，习惯就是人的行为倾向。也就是说，习惯一定是某种行为，而且是稳定的，甚至是自动化的行为。从心理学角度来说，习惯是刺激与反应之间的稳固链接。坏习惯是一种藏不住的缺点，其他人都看得见，唯独自己看不见，因为习惯是一种自动化的、潜意识表现的行为，并不一定是个体自己希望的行为。毫无疑问，我们每个人身上都有很多好习惯，同时也有些不好的习惯。

习惯是某种刺激反复出现，个体对之做出固定性反应，久而久之形成的类似于条件反射的某种规律性活动。而且，心理上的习惯即思维定式一旦形成，便会经年累月地影响我们的品德，决定我们的思维和行为方式，左右着我们的成败。

课堂游戏

（1）双手十指交叉一握，仔细观察你是左手的大拇指在上面还是右手的大拇指在上面。

（2）反过来，重做十指交叉的游戏。即将原先右手在上的变成左手在上，左手在上的变成右手在上。

思考：为什么交换后会产生不同的感觉？

____

____

____

____

二、习惯的养成

案例分享

被习惯困住的大象

一根矮矮的柱子，一条细细的链子，竟能拴住一头重达千斤的大象！这种令人难以置信的一幕在印度和泰国随处可见。原来，驯象人在大象还是小象时，就用铁链将小象绑在柱子上。由于力量不够，无论小象怎样挣扎都无法摆脱铁链的束缚，于是小象逐渐学会了不再挣扎，直到长成庞然大物。长大后的大象可以轻而易举地挣脱铁链，但是它已然习惯了铁链的牵制，潜意识地认为摆脱铁链是永远不可能的。可见，小象是被实实在在的铁链拴住，而大象则是被看不见的习惯拴住。

【分析】世界上最可怕的力量是习惯，世界上最宝贵的财富也是习惯。一个企业，一个国家，一个民族尚且如此，对于人的一生，更是如此。

美国研究发现，养成一个习惯需要 21 天。当然，21 天是一个大致概念，人类很多的行为重复不止 21 天，形成的习惯自然更加牢固。根据研究发现，不同的行为习惯形成的时间也不相同，一般需要 30 ~ 40 天。总之，时间越长，习惯越牢。

习惯的养成，并非一朝一夕；而纠正某种不良习惯，常常需要经过一段较长时间。根据研究发现，21 天以上的行为重复会形成习惯，90 天的行为重复会形成较稳定的习惯。因此，一个观念若经人类验证了 21 次以上，它很可能转化为人类的信念。习惯的形成大致分为以下三个阶段。

（一）第一阶段

第 1—7 天，这个阶段的特征是“刻意、不自然”。你需要十分刻意地提醒自己注意改变，而自己也会觉得有些不自然、不舒服。

（二）第二阶段

第 7—21 天，这一阶段的特征是“刻意、自然”。此时的你已经觉得比较自然、舒服，但是一不留意，又会恢复原状。因此，你还需要刻意地提醒自己注意改变。

（三）第三阶段

第 21—90 天，这个阶段的特征是“不经意、自然”。其实这已经是习惯，被称为“习惯性的稳定期”。一旦跨入这个阶段，表明你已完成了自我改造，这个习惯已成为你生命中的一个有机组成部分，它会自然而然地、不停地为你“效劳”。

三、习惯的分类

“习惯”和“日常行为规律”常常可以相互替代。但是，在这里，我们把日常行为规律定义为人们的习惯总和。换句话说，你的习惯将决定你的日常行为规律。

不管怎样强调日常行为规律的重要性都不过分，正如成功人士都有一个共同特征，即拥有基于良好习惯之上的整套日常行为规律。人的习惯多种多样，不同的习惯映射不同的生活方式，从而演绎不同的人生。就习惯对人和生活的影响而言，它可以分为好习惯、坏习惯和中性习惯。

（一）好习惯

所谓好习惯是指在日常生活中，个人的言行举止具有良好的风貌，能展现文明、优雅，并在人们心目中留下美好感受的习惯性行为，例如读书、看报、晨练、做事有条理、尊重他人、讲究卫生等。

（二）坏习惯

坏习惯是指在日常生活中，个人因缺乏修养表现出粗俗急躁、无聊、不道德等行为，导致危害他人的身心健康，从而引起人们厌恶的习惯性行为，例如随地吐痰、酗酒、赌博、吸烟等。

（三）中性习惯

所谓中性习惯是指介于好习惯与坏习惯之间的一种习惯性行为，例如每天上网聊天 1 小时、每天看 2 小时电视等。

四、习惯对人的影响

习惯是一种潜移默化的力量，可对人的身体、思维、行为等产生各种各样的影响。表现为：

①影响人的身体健康（例如不吃早餐、不合理饮食等）。

②影响思维发展（例如不科学的用脑、不科学的饮食）。

③影响人们的行为。

习惯是一个人的资本，当你拥有了好习惯，你就拥有了一辈子用不完的财富；而你一旦染上了坏习惯，你就一辈子都有偿还不完的债务。习惯不是小问题，它反映了一个人的修养与素质，它在很大程度上决定了一个人的工作效率和生活质量，进而影响个人一生的成功与幸福。

任务二　养成好习惯

顾名思义，“好习惯”就是良好的、令人受益的习惯。从牙牙学语、蹒跚学步至今，我们学过不少的日常行为规范，这不仅是一种要求，也是一种“养成”教育。每一条日常行为规范都是一种良好的行为规范，学习它们实际上就是在学习一种好习惯，并且在学习过程中逐步养成好习惯。好习惯令人终身受益。

人格化好习惯有 12 个指标：

①做人：真诚待人；诚实守信；作风严谨；自信自强。

②做事：认真负责；讲究效率；友善合作；勇于担当。

③学习：主动学习；独立思考；勇于实践；总结反思。

课堂思考

从小到大，你有什么“好习惯”曾让你备受赞赏、取得小成就或在一些事情上取得成功。

____

____

____

一、好习惯对人的影响

案例分享

第一位宇航员

20 世纪 60 年代，苏联发射了第一艘载人宇宙飞船，宇航员叫加加林。当时选拔第一位上太空的人选时，同时有好几十名宇航员一起参观他们即将乘坐的飞船，但进舱门时，只有加加林脱了鞋。正是加加林的这一动作，让主设计师非常感动。他想：“只有把飞船交给这么爱惜它的一个人，我才放心。”在他的推荐下，加加林成了人类第一位飞上太空的宇航员。

案例分享

福特公司创始人

美国位居全球 500 强前列的福特公司，创始人是福特。福特大学毕业后，去一家汽车公司应聘，与他同时应聘的其他 3 人学历都比他高。当前面 3 人面试完，福特觉得自己没有希望了，但既来之，则安之。他敲门走进了董事长办公室，但他发现董事长办公室门口地上有一张纸，就弯腰捡了起来，他仔细一看原来是一张废纸，便将其扔进了废纸篓，然后走到董事长办公桌前说：“您好，董事长，我是来应聘的福特。”董事长高兴地说：“很好，很好！福特先生，你已被我们录用了。”福特很惊讶：“董事长，我觉得前几位都比我好，您为什么要录用我呢？”董事长语重心长地说：“福特先生，前面三位的学历的确比你高，而且仪表堂堂，但是他们的眼里只看得见大事，看不见小事。而你的眼里却看见了小事，我认为能看见小事的人，将来自然能看到大事。一个只看得见大事的人，他会忽略很多小事。所以，我决定录用你。”于是，福特就进入了这个公司，不久这家公司就名扬天下，后来福特将公司改名为“福特公司”。他不但改变了整个美国的国民经济状况，而且使美国的汽车产业高居世界榜首。

【分析】通过以上两则小故事，我们发现正是细节和习惯助力他们取得了成功，他们都拥有一个好习惯。

纵观历史，许多名人取得的伟大成就都与自身的良好习惯是分不开的。大文豪托尔斯泰一生热衷于体育运动，这让他始终能保持充沛的精力完成不朽的巨著；美国著名作家马克·吐温坚持每天清晨默读墙上的好词、佳句，这为他写下脍炙人口的作品打下了坚实的基础；马克思撰写《资本论》时仍坚持每天演算数学题，以培养逻辑思维能力；达尔文从不放过任何一个观察大自然的机会，为他的科研工作积累了大量的第一手资料……由此可见，拥有一个好习惯意味着拥有一个成功的人生。以下习惯你有吗？

我要用全身心的爱去迎接今天——爱的习惯。

坚持不懈，直到成功——持之以恒的习惯。

我是自然界最伟大的奇迹——自信的习惯。

用好我生命中的每一天——珍惜时间的习惯。

今天我要学会控制情绪——自制的习惯。

我要笑遍世界——笑的习惯。

今天我要加倍重视自身的价值——发掘自我潜能的习惯。

我现在就付诸行动——立即行动的习惯。

二、学习习惯测试

本测试共16道题目，每题均有三个备选答案：A.是；B.有时如此（或不一定）；C.否。请认真阅读每一问题并如实回答。

1.在固定时间进行学习吗？

2.学习时周围必须很安静吗？

3.是否经常查阅辞典、字典等工具书？

4.学习时有下意识动作吗？

5.是否按计划学习？

6.在学习中有经常沉迷于空想的时候吗？

7.学习结束后，收拾书桌吗？

8.有一边听广播或看电视一边学习的时候吗？

9.发回的试卷，自己能认真总结、分析错漏吗？

10.是否平时不烧香、考前抱佛脚？

11.你认为自己的预习效果不错吗？

12.不感兴趣的课程就不愿下大力气学吗？

13.对所学的知识能够立即复习吗？

14.即使有不明白的问题，也不愿向老师请教？

15.即使有喜爱的电视节目，你是否也要坚持完成当天的学习任务后再看？

16.是否经常有对书本毫无兴趣而浪费时间的现象？

评分方法：奇数题选A计2分，B计1分，C计0分；偶数题选A计0分，B计1分，C计2分。然后将各题分数相加，最后得出总分。

总分在27分以上，表明你的学习习惯非常好；部分在22～26分，表明你的学习习惯较好；总分在16～21分，表明你的学习习惯一般；总分在15分以下，表明你的学习习惯很差，需要改正。

三、养成好习惯的10个步骤

人们90%的日常活动源自习惯和惯性。事如其人，日复一日的行动决定了你是什么样的人。只有主动改变，你的生活才可能发生改变。改变从每天的日常行为入手，因为成功的秘密就隐藏在你的日常行为中。否则，你的生活将一如既往。以下10个步骤助你养

成好习惯。

①列出一些好习惯，再列出一些不良习惯。然后，让好习惯取代每一项不良习惯。

②每天试着去做一些你原本不喜欢做的事，当成是对自己的磨炼。久而久之，你便不会为那些真正需要你完成的义务而感到痛苦。这是养成自觉习惯的黄金定律。

③自我评估。我现在是什么样的人？我希望成为什么样的人？哪些习惯在阻碍你的进步？你注意过它们吗？自我评估是培养好习惯和构建富有成效的日常行为规范的第一步骤。首先，你必须明确：希望培养的好习惯与急需改掉的坏习惯各是什么？你可以利用一系列的自我调查问卷来找出阻碍你进步的不良行为。例如，赫曼博士的潜能开发和全脑优势系统（Herman Brain Dominance Profile）、DiSC 评价系统及梅耶 - 布雷格斯（Meyers Briggs）性格测验等自我调查问卷。

④自我评估结果。花几分钟时间，列举几个自己希望改掉的坏习惯，以及期望养成的好习惯。

⑤替换，而不是抹去。用好习惯替换坏习惯。习惯不可能根除，但可以替换。换句话说，可以替换而不是抹去一个坏习惯。替换，而非抹去，区别很重要！因此，在着手改掉坏习惯之前，人们必须先选定好习惯。

⑥确认需要替换的习惯。这很关键，如果你都不了解自己的坏习惯，又谈何改掉呢？一旦清晰地界定了坏习惯，我们用好习惯替换它们的可能性将大大增加。请你花几分钟时间，列举几个自己希望替换的坏习惯，以及替换这些坏习惯的好习惯（越详细越好）。

⑦人为设定结果，引起潜意识的注意。请你花几分钟时间，列举一些后果（正面的、负面的均可），这些后果能帮你改掉坏习惯。

⑧心理预演。当你注意到一个坏习惯，并确认它发生的具体时间，就是你改掉这个坏习惯迈出的第一步。接着，下一步就是确认用来替换这一坏习惯（注意：是替换而不是抹去坏习惯）的好习惯是什么。一旦坏习惯及其发生场合得以确定，再下一步便是心理预演：在内心预演自己将如何应对坏习惯发生场合，对于改掉坏习惯至关重要。匹兹堡大学和卡耐基梅隆大学的研究人员发现，人们在执行任务时，如果事先在内心对理想结果进行过预演的话，那么，人的额叶大脑皮层（大脑的一部分）将被全面调动起来，极大地激发人们去积极行动。心理预演越充分，任务执行情况就越好。

⑨一天中两个最重要时刻。一是早晨。一个人每天早晨的想法将影响其一整天的表现。如果你每天早晨计划好一天的行为模式，意味着你向自己希望的生活迈出了重要一步。如何度过每天早晨，是检验人们自我控制能力的试剂。二是晚上。每天晚上在心中默默整理和评价自己一整天完成的事情，并规划好第二天应该做的事情，对第二天早晨能否正确做好计划，以及能否拥有一个良好开端至关重要。制订一天的计划并坚持执行，将使你的工作变得更加高效、成绩更加亮眼。如果你每天都无法完成自己希望完成的事情，那么你就应该反躬自问，症结或许就在于缺乏计划。请思考并列举自己在早上和晚上可能出现的日常行为规律。

⑩用笔记录前进的步伐。记录过程中人们头脑中的抽象思维应转变成具体的书面语言。这一过程使我们的计划和具体实施方案变得更加详尽、更加现实。书面计划因具有很

强的确定性，从而显示出更大的威慑力。

任务三　改掉坏习惯

案例分享

民族英雄林则徐是个性情刚烈之人。为了控制情绪，他书写“制怒”二字牌匾挂在厅堂，作为座右铭，时时警策自己。影片《林则徐》中有这样一个镜头：广东海关监督豫坤和洋人勾结破坏禁烟，林则徐知道后怒不可遏，把茶碗摔破。当他一抬头，“制怒”二字映入眼帘，他顿时沉住气，控制了感情。

第二天，他仍然若无其事接待豫坤，经过巧妙周旋，终让豫坤乖乖地交出了修建虎门炮台的银两。这一情节再现了林则徐制怒的意志力。

案例分享

2003 年 1 月 18 日下午 1 时 46 分，在武汉某高校研究生考点外，一考生被几个保安人员拦下，告知其超过了规定入场时间（1 时 45 分），眼睁睁地失去了考试资格。该考生说，为了专心备考，他辞掉了网络公司的工作，作出了很多牺牲，结果却因迟到被拒之门外。

【分析】可见，坏习惯和好习惯造成的后果是截然不同，如果说好习惯是开启成功的钥匙，那么坏习惯则是一扇向失败敞开的大门。

> 不良的习惯会随时阻碍你走向成名、获利和享乐的路上去。
>
> ——莎士比亚

一、改掉坏习惯的步骤

（一）识别习惯

例如，你是否希望减轻体重？尽早核实你希望减掉的体重，以及在多长时间内达到目标。只要你按步骤进行，减重成功是有保障的。

（二）形成或改掉习惯的欲望

你必须真心向往促使你达到目标的那种欲望。为此，你需要放弃当前的生活方式，这是促成你真正改变的唯一途径。多方倾听意见，并激发你作出改变的欲望。你可以列出以下清单：若不养成新习惯，你将失去什么？若改掉旧习惯，你将获得什么？为了成功，你必须了解自己为何需要改变。

（三）了解你为什么要（不）做这件事

事实上，你可以用一种健康的方式处理压力，并通过一次健康的转变找到真正的幸福。

你的习惯只是一些针对特定事件的条件反射，只是为了在沮丧和挫折到来时借以寻求立竿见影的满足感，那么你可以试着改变自己的行为模式，学会随机应变，进而创造一种健康的习惯予以取代。若你被某些严重的创伤或无法解决的痛苦所困扰，可以与其他人聊一聊，这并不是让自己“无所作为”，而是因为从创伤、痛苦中痊愈需要时间。用正面信息取代负面信息一旦摒弃旧习惯或开始新习惯，你就已经改变了。记得提醒自己“我正在减肥、我正在戒烟、我已经变成了更果断的人……”或任何与你的目标相匹配的信息。只要确信自己已经有所改变，这些信息将自发地融入你的思想。还可以将你的誓愿张贴在你的可视范围内。切记：对成功的坚定信念是成功的必要因素。

（四）力求明确：为成功制订计划

为了成功，你还必须注意细节。例如：为了戒烟，需制订一个详细的戒烟计划：查询一种你可能需要的非处方药品，上网查找与戒烟有关的支持小组，或查阅相关资料。又如，减轻体重，切勿选中一个不健康的减肥计划。某些饮食风潮不仅让你花掉大把的钱，反而还打乱你的新陈代谢。请复盘一下：对自己全新生活的第一周，你需要考虑哪些具体细节呢?

（五）担负责任

如果你认为自己应当坚持，就一定能坚持下去。本文所述 9 个步骤能够保证你改掉坏习惯，前提是你必须保证自己会一步一步完成这些步骤。无论你为何要保持或者改掉某个习惯，控制权始终在你自己手里。

（六）加强你的行为

在使用或克制某种习惯时，你会如何奖励自己？改变奖励方式，向着成功的方向调节自己。切勿对自己太粗暴或者太刻薄，要自信，更要坚定。一旦你能看到有奖励到来的迹象，就会促使你更加聚精会神。

（七）问责制度与支持体系

培养某种习惯，没有任何借口。用成功者的故事不时激励自己。无论是面对面打电话还是网络沟通，都要敢于承担责任。此外，还要制订预防失败的行动计划。

（八）只要在退出前设定了应急计划，你就永远不会退出

这是最关键的一个组成部分。你必须在与自己建立的契约中做出承诺，并在企图退出之前按照应急计划执行。绝不能将自己的失败合理化。必要时，随时提醒自己“我可以做到！”

二、改掉坏习惯的注意事项

人们常说，习惯很难根除。其实，这种说法并不准确。习惯不可能根除，但可以被替换。换句话说，可以替换，而不是抹去一个坏习惯。那么，怎样替换呢？在替换过程中应注意事项如下。

要完全停止那个习惯，而不是逐渐减少次数。例如：戒烟，如果一天仍抽几支烟的话，反而会激起抽烟的欲望，所以最好的方法是一支也不抽。

切记随时提醒自己：这个习惯真的不好一定要改掉。

当你突然有一种很强烈的冲动想恢复旧习惯时，试着把冲动发生前的情况及心境正确

地记录下来，切勿用补偿方式来戒掉旧习惯，那样很可能让你陷入新的诱惑。

记住：你以后的感觉会跟现在不一样。即是说，现在或许你会暂时感到改掉旧习惯的压力，但逐渐会适应——两个星期，甚至还会更早一些。例如："手中不拿一支烟，好像就不是自己了！"的确，你会感觉自己变得很笨拙、虚伪、毫无自信，这些都是开始戒掉旧习惯时的正常反应，时间一长自然会消失。

在改掉旧习惯的过程中，如果你总是做出习惯性的动作，可以运用"扩大作用的方法"，反问自己以下问题：

①为什么我想恢复这个不好的习惯呢？

②假设某一段时期我都有这个坏习惯，这一段时期过后我会失去或错过什么？

③改掉这个习惯，对我有什么好处？

④改不掉的话，将会发生什么使自己难以接受的事情？

⑤别人会说我什么？

⑥谁会说呢？

⑦目前的状况是否让你想起从前的日子？

⑧这个坏习惯是否让自己一直处于夹缝中？

三、影响 21 天效应的主要因素

旧习惯、旧理念会对新习惯、新理念产生干扰。当两种习惯、理念在形式上具有很大的相似性，但某些因素要求的内容正好相反时，就会产生干扰。例如，教书育人与导学育人具有很大的相似性，二者都要求教师做出育人的理念与行为，但教书与导学的育人手段却有较大差异，甚至有本质不同，要形成导学育人的新理念与习惯常常会受到教书育人的影响和干扰。实践表明，旧习惯、旧理念越牢固，新习惯、新理念的形成就越容易受到干扰。因此，在旧习惯、旧理念干扰下培养一种新习惯、新理念，时常会出现某些顽固性的错误，这些错误来自旧习惯、旧理念中的某些成分。可见，一种新习惯、新理念的形成需要（重复）21 天，是与旧习惯、旧理念的干扰有密切关系，也可以说是产生 21 天效应的主要影响因素。

习惯与理念的形成是一个比较漫长的过程。据研究，它们需要三个阶段才能形成。

1. 第一阶段：顺从

顺从即表面开始新习惯或接纳新理念，在外显行为上尽量表现得与新要求一样，而实质上并未发生任何变化。此时，最易受到外部奖励或惩罚，因为顺从可以获得奖励，反之则会遭到惩罚。可见，一开始，新习惯、新理念的形成大多数是因受到外在压力的影响而产生，自发性的极为少见。

2. 第二阶段：认同

认同是在内心主动接纳新习惯、新理念，比顺从更深入人心。此时，意识成分更加浓厚，不再被动、无奈，而是主动地、有意识地加以变化，使自己尽可能地接近新习惯、新理念。

3. 第三阶段：内化

此时新习惯、新理念已完全融入内心，无任何不适，并开始发挥新习惯、新理念的作用。

一般而言，非特异的习惯、理念经过上述三阶段约 21 天便可形成，这是大量实验与实践的结果。

新习惯、新理念的形成需要不断地重复，即使简单地重复也是十分有效的。21 天效应并非指一个新习惯、新理念只要经过 21 天便可形成，而是在 21 天内这一新习惯、新理念需不断重复才能产生效应。这也是当今广告不断循环播报的根本原因。

课堂作业

通过对本节课程的学习，试着养成下面的好习惯！

1. 不说“不可能”。
2. 凡事第一反应：找方法，不找借口。
3. 遇到挫折对自己说一声“太好了，机会来了”。
4. 不说消极的话，不陷入消极情绪。一旦发生，立即正面处理。
5. 凡事先订立目标。
6. 行动前，预先做计划。
7. 学习时间，每一分、每一秒都做有利于学习的事情。
8. 善于用零碎的时间做零碎的事情。
9. 守时。
10. 养成写日记的习惯，不要过于依赖记忆。
11. 随时记录灵感。
12. 把重要的感念、方法记录下来，随时提示自己。
13. 走路比平时快 30%，肢体语言健康有力，不懒散、萎靡。
14. 每天出门照镜子，给自己一个自信的微笑。
15. 每天自我反省 1 次。
16. 每天坚持 1 次运动。
17. 听心跳 1 分钟，再做重要的事情，疲劳时、紧张时、烦躁时……
18. 开会坐前排。
19. 微笑。
20. 用心倾听，不打断对方的话。
21. 说话有力，赋予自己的声音具有感染力。
22. 说话之前，先考虑对方的感受。
23. 每天有意识地赞美别人三次以上。
24. 控制自己不做自我辩护的第一反应。
25. 不得以训斥、指责的口吻与其他人交谈。
26. 每天做一件分外事。
27. 每天提前 15 分钟到教室，推迟 30 分钟离开教室。
28. 每次课程前 5 分钟整理学习用具。

29. 定期存钱。

30. 节俭。

31. 时常运用“头脑风暴”，利用脑力激荡提升自我创新能力。

32. 恪守诚信。

33. 学会原谅。

一下子要养成这么多习惯，可能你会很不适应。不妨给自己制订一份计划表，明确时间段，一步步检查习惯养成效果。

参考文献

[1] 芦玉森.职业素质教育概论[M].北京：高等教育出版社，2001.

[2] 吕振中，裴运波.大学生职业素质教育[M].北京：高等教育出版社，2006.

[3] 冯国栋，胡琳，罗朦格.职业素质培养的理论与实践[M].华中科技大学出版社，2018.

[4] 于凤君.职业素质教育[M].北京：中国劳动社会保障出版社，2013.

[5] 马向菊，韩新鹏.职业素质课堂[M].北京：中国劳动社会保障出版社，2007.

[6] 项兵，张斌.新时代职业素质教育实践与研究[M].北京：中国社会科学出版社，2019.

[7] 陈俊.职业素质教育实用指南[M].北京：电子工业出版社，2017.

[8] 扬州大学.职业素质教育教案与教材[M].扬州：扬州大学出版社，2009.

[9] 章友贤.品德教育与职业素质教育[M].北京：中国劳动社会保障出版社，2009.

[10] 中国高等教育学会职业教育分会.职业素质教育手册[M].北京：中国劳动社会保障出版社，2007.

[11] 陈洪，秦小楚.基于“情感关怀”的职业素质教育研究与实践[J].教师教育学报，2016(3)：67-70.

[12] 李了然.职业素质教育的理论与现实[M].山东师范大学出版社，2015.

[13] 万庆.初中职业素质教育的实践与思考[J].科技创新导报，2016，13(30)：248-249.

[14] 王琦，樊阳.基于职业素质教育的思想政治课教学模式研究[J].中国青年研究，2019(10)：47-50.

[15] 顾芳.职业素质教育视域下的制造业人才培养体系研究[J].园林，2019，35(12)：34-36.

[16] 孟红英.面向新形势的劳动教育与职业素质教育研究[J].中学教育研究，2016(9)：39-41.

［17］张红霞．高职校外点企业实习对职业素质教育的影响研究［J］．价值工程，2019（19）：157-158.

［18］王文娟．职业素质教育与型人设计［J］．美术教育，2016（6）：47-47.

［19］余思蓉．浅谈职业素质教育的实现路径［J］．技术创新与应用，2016，26（8）：142-143.

［20］刘亦伟，刘红岩．高职职业素质教育的问题及对策分析［J］．教育教学导刊，2016（5）：150-152.

［21］李志勇．职业素质教育：理念、机制和实践［J］．教育与职业，2019（2）：34-36.

［22］邓光凯，丁德华．职业素质教育研究综述［J］．中外企业管理，2017（14）：149-151.

［23］章友贤．职业素质教育的重要性及其实现路径［J］．大众创业，2019（9）：176-177.

［24］赵佳．高职院校开展职业素质教育的实践与思考［J］．科技视界，2016（35）：118-119.

［25］王鹏，邢振奎．职业素质教育新视角［M］．北京：高等教育出版社，2018.

［26］高广勇，李宏伟，徐慧．实施职业素质课程，顶尖企业定制化培养人才［J］．中国职后教育，2019（8）：52-55.

［27］张德刚．基于校企合作的高职职业素质教育实践与思考［J］．锡林郭勒职业学院学报，2018（2）：69-71.

［28］刘冬梅，梁洁．职业素质教育一体化基地探讨［J］．广州职业技术学院学报，2017，12（1）：19-20.

［29］刘红岩，雷万民．“十三五”高职职业素质教育提升行动计划研究［J］．当代教育科研，2016（22）：173-174.

［30］朱阳．职业素质教育新理念，新科技赋能智慧教育［J］．遵义师范学院学报，2019（3）：86-90.

［31］刘俊．国际化视角下的职业素质教育比较研究［J］．学术研究，2019（6）：293-295.

［32］李聪．实施职业素质教育，培养高质量人才［M］．北京：中国劳动社会保障出版社，2017.

［33］张宁．电子工程系高职职业素质培养的实践［J］．科技开发与管理，2019，39（2）：92-93.

［34］黄欣．职业素质教育路径调研与个案分析［J］．职业教育研究，2017（16）：103-105.